U0454438

阅读成就思想……

Read to Achieve

提问的艺术

艺术 经典 珍藏版

为什么你该这样问

［美］安德鲁·索贝尔　　杰罗德·帕纳斯◎著　　陈 艳◎译
（Andrew Sobel）　（Jerold Panas）

POWER
QUESTIONS

Build Relationships,
Win New Business,and Influence Others

中国人民大学出版社
·北京·

图书在版编目（CIP）数据

提问的艺术：为什么你该这样问：经典珍藏版 /
（美）安德鲁·索贝尔（Andrew Sobel），（美）杰罗德·
帕纳斯（Jerold Panas）著；陈艳译 .—北京：中国
人民大学出版社，2023. 2
　　书名原文：Power Questions: Build Relationships,
Win New Business, and Influence Others
　　ISBN 978-7-300-31265-1

　　Ⅰ . ①提…　Ⅱ . ①安…②杰…③陈…　Ⅲ . ①提问—
言语交往　Ⅳ . ① B842.5

中国国家版本馆 CIP 数据核字（2023）第 007758 号

提问的艺术：为什么你该这样问（经典珍藏版）

[美]　安德鲁·索贝尔
　　　　杰罗德·帕纳斯　著

陈　艳　译

Tiwen de Yishu: Weishenme Ni Gai Zheyang Wen（Jingdian Zhencangban）

出版发行	中国人民大学出版社			
社　　址	北京中关村大街31号	**邮政编码**	100080	
电　　话	010-62511242（总编室）	010-62511770（质管部）		
	010-82501766（邮购部）	010-62514148（门市部）		
	010-62515195（发行公司）	010-62515275（盗版举报）		
网　　址	http://www.crup.com.cn			
经　　销	新华书店			
印　　刷	北京联兴盛业印刷股份有限公司			
规　　格	148 mm × 210 mm　32 开本	**版　　次**	2023 年 2 月第 1 版	
印　　张	7.5　插页 2	**印　　次**	2023 年 10 月第 3 次印刷	
字　　数	125 000	**定　　价**	65.00 元	

版权所有　　　侵权必究　　　印装差错　　　负责调换

在《提问的艺术》一书中，安德鲁和杰罗德向我们传授了如何在各种情境下精准判断出需要被提及的问题，从而推动事情深入发展的技巧。这是一本值得随身携带的书，书中的问题将会让你的人生更加丰富！

肯·布兰佳
《一分钟经理人》作者

富兰克林·德拉诺·罗斯福、苏格拉底、莎士比亚到底有什么共同点？这些伟人的共同点就是他们都知道如何提出"具有影响力的问题"。读了这本书，你也将变得和他们一样善于提问。

马歇尔·戈德史密斯 (Marshall Goldsmith)
《纽约时报》畅销书《魔力》(*MOJO*)和《没有屡试不爽的方法》
(*What Got You Here Won't Get You There*) 作者

你能给予别人的最好的礼物就是问他在想什么，并真诚地去倾听他的回答。本书作者通过那些让人惊喜并能够真正带来终身改变的问题将这种想法付诸实践，最终转化为强有力的建议。

拉夫·W. 施罗德 (Ralph W. Shrader)
博思艾伦咨询公司（Booz Allen Hamilton）CEO

读《提问的艺术》一书就如同在聆听世界上最优秀的企业家、政客以及宗教权威人士的精彩对话一样。读这本书就是一次快乐的旅行。

大卫·赛博（David Sable）
扬罗必凯公司（Young & Rubicam）CEO

安德鲁和杰罗德在《提问的艺术》一书中极其推崇提问对于纳言献策和建立关系的重要性，并通过大量实例不乏幽默地予以阐明，使得书中所有的内容都变得通俗易懂。

温·比肖夫爵士（Sir Winfried Bischoff）
劳埃德银行主席

《提问的艺术》的书名说明了一切。这是一本具有强大力量的书，也是每一位关心客户、员工和投资者的人必读的一本书。我建议人手一本，现在就开始读。

罗伯特·L. 迪伦施耐德（Robert L. Dilenschneider）
迪伦施耐德公司 CEO 兼董事会主席

在白宫的那段日子里，我曾学习过回答的艺术，但一直以来我都认为事情的关键还在于要问正确的问题。安德鲁和杰罗德塑造了提问的艺术。这本书深入挖掘了成功沟通的力量，是一本不可多得的必读书。

迈克·迈克科瑞（Mike McCurry）
美国前总统克林顿的新闻发言人

《提问的艺术》是一本让人拿起来就舍不得放下的书。它是一本名副其实的关于建立强大人际关系的实用书。不管你是打算一页一页地读下去，还是仅仅翻到某一页准备应对即将到来的会议，也不管你处在职业生涯的哪个阶段，本书无疑都具有极大的价值。

弗兰克·德索萨（Frank D'Souza）
高知特公司（Cognizant）CEO

我们都力求与客户、朋友以及家人建立起一种坦诚的关系。《提问的艺术》就是这样一本通过构建和应用强有力的问题，帮助你建立起这种关系的强大实用指南。现在就开始阅读它，并深入学习和付诸实践。它将让你与别人的交流，甚至是你的生活产生意想不到的变化。

史蒂夫·托马斯（Steve Thomas）
益百利公司（Experian）全球销售总裁

《提问的艺术》是一本观念新颖、引人入胜的指导书，能够帮助我们在商业和人际关系方面取得成功。它系统而详细地制定了应用那些精心挑选的问题的路径，可以帮助我们获得最有用的答案，达到最期待的结果。这是一本必读书。

约瑟夫·P. 赖利（Joseph P. Riley）
美国南卡罗来纳州查尔斯顿市市长

《提问的艺术》一书提供了至关重要的成功了解客户、朋友以及亲人需求的基石，阐述了用正确的方法问正确的问题的基本技能。这是一本伟大的引人入胜的杰作！

罗伯特·米利根（Robert Milligan）
美国商会前主席以及百利公司（Nature's Variety）创始人兼主席

向客户提出充满智慧的问题能够让对话取得实质性的进展，有助于建立起牢固的互信关系。《提问的艺术》是一本非常值得阅读的书，里面讲述了许多有趣的例子。它将帮助读者在自己的职业和个人生活中建立起更加深入、更有价值的人际关系。

詹姆斯·巴德里克（James Bardrick）
花旗集团欧洲、中东和非洲业务联合总裁

《提问的艺术》是一本神奇的书，它揭示了生活中真正的力量——一种让你在发展深入关系的同时解决问题的力量，能帮助你更好地了解你自己。

卡尔·特纳（Cal Turner）
美国达乐公司前 CEO 兼主席

如何才能表现得我很在乎？安德鲁和杰罗德给出了这个问题的答案，那就是提出具有思想性的有力问题，然后去认真聆听答案。你将学会关心并建立起信任和理解。《提问的艺术》是一本非常出色的书！

B. 约瑟夫·怀特（B. Joseph White）
美国伊利诺伊大学荣誉校长，畅销书《领导力的本质》
（*The Nature of Leadership*）作者

读《提问的艺术》时，我从中罗列出了上百个我能用到的问题。我一直都在努力寻求提出好的、发人深省的开放式问题，以便更好地了解对方。这本书帮我跨越了障碍，它既发人深省，又具有很强的可读性。安德鲁和杰罗德以往硕果累累，显然，他们在这本书中超越了自己。

米歇尔·伊斯顿（Michelle Easton）
克莱尔·布思·卢斯政策研究院院长

《提问的艺术》是一本适合所有人读的书。安德鲁和杰罗德在书中告诉我们如何以一种最可能引出具有深刻见解答案的方式提出最好的问题。另外，作者还提供了上百个你曾经渴望去问的问题。这本书能让你的会谈比以前更有成效。

罗恩·罗宾逊 (Ron Robsin)
《基金之父》(*Funding Fathers*) 作者

安德鲁和杰罗德的这本书的确与众不同，书中充满了趣闻轶事以及关于提问的所有建议，通俗易懂。我从书中发现了许多能够帮助我深化客户关系的新主意。

戴安娜·布赖特摩尔－阿莫尔 (Diana Brightmore-Armour)
劳埃德银行公司业务部 CEO

《提问的艺术》以一种易于理解的"讲故事"的方式和写作风格，为读者呈现了一部寓教于乐又富有深度的作品。安德鲁和杰罗德将沟通的艺术提炼为在正确的时间问正确问题的核心技能——强有力的问题能够为建立具有实质意义的人际关系和真正密切的联系打开一扇门。

亚当·L. 里德 (Adam L. Reeder)
瑞士信贷第一波士顿银行执行总裁

这本书非常神奇！很有冲击力！它不仅能够帮助你将对话引入正轨，还能提升你的倾听能力。它能让你直达一个人的内心和思想深处！我强烈推荐这本书！

约翰·史利夫斯基 (John Schlifske)
西北互助人寿保险公司 (Northwestern Mutual) 主席兼 CEO

《提问的艺术》一书非常重要，也非常实用，我要求我所有的员工都必须读。安德鲁和杰罗德提醒我们专注倾听的重要性。这本书为我们提供了可以帮我们获得有价值、有意义的信息的工具，就好比生命的资源一样。

亚里士多德·哈利基亚斯 (Aristotle Halikias)
共和银行 (Republic Bank) 董事会主席兼 CEO

POWER
QUESTIONS **目录**

答得好不如问得好

此时，我们正坐在芝加哥一座摩天大楼四十层的一间办公室里，屋子里洒满了阳光。一开始我们就这样问正在接受采访的这家公司的 CEO："当有人极力想从您这儿获得生意时，您对这个人印象最深刻的是什么？您认为是什么让你们在最初的关系中相互建立起了信任？"

这位 CEO 经营着一家市值 120 亿美元的公司，我们正对他进行关于"建立最值得信赖的商业关系"的专访。这些关系涉及该公司多年以来的服务提供商以及供应商，还有业内最值得信赖的私人顾问。

"我总是强调，"这位 CEO 说道，"一位前程远大的咨询师、银行家或是律师是否能让人信服，完全取决于他所提问题的质量以及他聆听他人时的真诚度。这听起来非常简单！"

针对"是什么让人们能够建立起关系"这一问题，他给出的答案和我们咨询、采访过的其他数百个人给出的答案如出一辙：好的问题远比问题的答案更有力量。好的问题会重新架构和定义问题，能够挑战你的思维。它们会给我们的假设泼上一盆冷水，逼迫我们跳出传统的思维模式，并激励我们去学习和发现更多的东西。它们也时刻提醒着我们什么才是生命中最重要的内容。

古代曾出现过一些具有变革精神的人物（如苏格拉底），他们就通过提问对其他人产生了巨大的影响。他们的问题既是教化工具，同时也是永久改变周围人的方式。我们将会在之后的章节中遇到这两位先知，并学习和领悟他们的提问技巧。当然，你也将会遇到一些集团领导者、部长、百万富翁、公证人、医疗中心 CEO 以及更多的普通人，他们全都是极富个人影响力的人（没准你还认识他们中的某些人）。对于他们而言，一个强有力的问题有时可以扭转乾坤。

回首 20 世纪，像爱因斯坦和彼得·德鲁克这样杰出的天才往往都醉心于提出一些富有挑战性的问题。

一天早上，年轻的爱因斯坦观察到太阳从一片花海中升起，于是他就问自己："我能否在阳光中旅行？我能否追上光或超过光速呢？"之后，他告诉一位朋友说："我并没有特殊的智商，我只是比别人多了一点点好奇心罢了！"

　　德鲁克是公认的当代管理学之父，也是最著名的先驱思想家之一，他最为人们津津乐道的就是他与客户之间的提问互动。除了给客户提出建议之外，德鲁克经常还会抛出一个简单但极富洞察力的问题给客户，例如，"你真正投入的生意是什么"，以及"你的顾客最看重的价值是什么"。曾有一位记者称德鲁克为咨询师，被他拒绝了。他说自己实际上是一位"损者"——喜欢直接问客户刁钻问题的人。

　　伟大的艺术家总是能够充分领悟问题所扮演的角色。几乎所有文学作品中最富有戏剧色彩的片段都是围绕着一个简单的问题展开的。当莎士比亚笔下的哈姆雷特王子谈到生死问题时，曾说过这样一句经典台词："生存还是毁灭，这是一个值得思考的问题！"

　　我们之所以选择"提问的艺术"作为本书的标题，是因为我们在书中所选择的问题都具有这样一种强大的魅力——以你意想不到的方式给沟通带来令人惊喜的崭新面目。它们是直击事物要害的强有力的工具，同时也是开启封闭之门的钥匙。

　　在接下来的章节中，我们将通过一个个有力的提问来再现对话的场景。我们会运用真实的例子来阐明在什么样的场景中使用这些问题以及如何使用。那些具有思想性、探索性以及发人深省的问题，你应该在日常生活中加以应用。无论在工作

中，在与朋友的交往中，还是在飞机上偶遇到陌生人时，你都可以拿来用。

本书共分为三篇，在每一篇的后面，我们又针对不同的话题额外罗列出了一些具有影响力的问题，以帮助你在不同的场景中轻松自如地应用它们。全书问题加起来总共有 320 个。利用这些问题来活跃交谈的气氛，可以让谈话更有意义，从而加深交谈者之间的关系。我们不再为篇后面的每一个问题增添一个与之对应的故事，现在轮到你来负责为它们增加生动的例子了。应用这些问题来创建属于你自己的动人的、给人以启迪的、具有影响力的问题吧。

同时，我们还在每一篇的后面留出空白，让读者可以随时记录下现实生活中让自己印象深刻的、颇具威力的问题。相信对书中问题的灵活运用，可以使你无论是在职场中还是在私人生活中都能战无不胜，攻无不克！

学会并运用好提问的技巧，能够让你在工作和生活中的效率得到显著提升。本书可以帮助你建立并深化人际关系，也可以帮助你销售出更多的产品、服务和创意，同时还能鼓励你更加努力，战胜自己。书中展示的提问技巧将能使你更为有效地影响你的客户、同事和朋友。准备好了吗？让我们一起来领略这些伟大问题的艺术魅力吧！

POWER QUESTIONS

Build Relationships, Win
New Business, and Influence Others

第一篇
商业篇

01

不要滔滔不绝，却忘了客户的感受

如今回忆起当时的情景，我依然会觉得尴尬不已。这正好印证了"年轻者无畏"那句老话，我太急于表现自己了，殊不知却让自己颜面尽失。20 世纪 60 年代，流行乐团普洛柯哈伦（Procol Harum）曾风靡英国，用他们的歌曲《闪闪发光》（*Shine Brightly*）中的一句歌词来形容我当时的情况再恰当不过了："我的脑袋糊里糊涂，闪闪发光，疯劲十足！"

当时，我们正在和一家重要的电信公司客户会面，我供职的那家咨询公司很想做成这笔生意。作为新近被提升为公司合伙人的我也非常渴望拿下这个大客户，为自己的升职添上华丽的一笔。于是我暗下决心，一定要让这次会面成功。在这个客户面前，我们通过大量论据极力证明，我们不仅是他们公司最好的咨询人选，也是他们唯一的人选。

我们有三个人参加会面，而对方则有五个人。这五个人大都是身居要职的副总裁，也算是公司高管了。我们被带进了一个宽敞的房间，并不是专门的会议室。房间里的桌子不是实木桌，覆着黑色的膜，看上去很雅致。我们用赞许的目光环顾了一下四周。

我准备了很厚的文件夹、成沓的 PPT 幻灯片以及各种详细的文件。后来我才发现这样大张旗鼓地准备绝对是错误的。

我曾读过美国前总统伍德罗·威尔逊先生的一段关于演讲的至理名言。他说："如果我将进行 10 分钟的演讲，那么我会准备一周；如果是 15 分钟的演讲，我会准备 3 天；如果是半个小时的演讲，两天就足够了；如果是 1 个小时的演讲，那么我现在就准备好了。"当然，我准备的时间绝对不会那么短。

———————

记得当时客户提出的第一个问题就像投掷垒球般让我们难以招架："能否跟我们介绍一下你们的情况？"为了让客户坚信我们是能够帮助他们的最适合的人选，我便开始滔滔不绝地向他们讲述了我们公司辉煌的历史：它是如何由两家公司合并发展成如今的咨询公司的。仿佛亲身经历过一样，我将公司的创业史讲得精彩纷呈。之后，我又向他们描述了我们公司广泛的客户基础，并将公司一些最重要的咨询方法从头到尾介绍了一遍。我还向他们展示了我们与客户合作时采用的联合团队方法，以及我们是如何认真聆听客户需求的（我当时太年轻，以至于对他们的讥讽毫无察觉）。

我绝不能忍受自己对最基本的事实有所疏漏。我相信自己知道的事实一定能给他们留下深刻的印象，并让他们当场拍板。由于过分投入于对我们公司胜任能力的描述了，以至于我竟忘记了坐在桌子对面的客户；也没有意识到在自己滔滔不绝地讲话时，时间早已飞逝而过。

将近 30 分钟后，我和同事们才结束了演讲，换来的却是一片沉寂。其中一位副总裁好像从一堆文件中拿出了什么。她是想与我们分享公司的战略计划吗？还是拿出了公司的组织架构图，告诉我们应该直接和谁谈？都不是。她拿出的是自己的会谈预约本，并说道："这的确很有帮助，谢谢你们！我现在真的要去参加另一个会议了。"

一切都太迟了！我们没有建立起任何的个人亲和力，实际上什么都没有建立起来。我们对他们的目标、他们关注的事情以及所面临的挑战几乎一无所知。我们错失了良机。我们当场就被踢出局了。

> 写到这儿，鲍勃·迪伦（Bob Dylan）的歌曲《昨日书》（*My Back Pages*）一直萦绕在我耳边："啊，我是如此沧桑，我也曾风华正茂……"我不断地提醒自己生活中不可能不犯错误，能做的只是不断地学习。

———————

巧的是，一年后的今天，我和我的高级合伙人德威特（DeWitt）先生出席了一次似曾相识的销售会议。他是经历过数百场会议的资深人士，可以说是一位智者。我们的客户也提出了相同的问题："你们何不先介绍一下你们的公司来开始我们今天的会议呢？"德威特若有所思地停顿了片刻，然后抬起头问客户："那您具体需要了解些什么呢？"对方陷入了沉默。

通常，问了一个问题后，如果对方沉默，我们就会换个说法再问一遍这个问题。我们是不会允许会议陷入沉默的，但德威特是一个例外，他习惯于保持沉默。很久以前他曾告诉过我："一旦说完你想要说的，或问完问题，就闭嘴吧！"

过了一会儿，客户说道："好吧，我们当然已经很了解你们是做什么的了。我们只是特别想知道你们在亚洲的运营能力如何以及你们内部是如何一起工作的。"这无疑将会议带入一个互动的交流氛围中了。

"我很好奇，你能具体描述一下你想了解的'内部一起工作'的意思吗？是什么促使你提出了这个问题？"接下来，他又问了一些引人深思的问题，并与客户一起分享了最近遇到的一些案例，大多都是我们如何帮助老客户的有趣故事。

通过德威特的提问，我们了解到这家公司与其他咨询公司曾经有过不愉快的合作经历。这家公司曾在广告中号称自己是一家全球性的公司，然而公司内部的各个部门却从来没有齐心协力地一起合作过。我们还了解到了这家公司的亚洲扩展计划，也弄清了他们寻找外援的真正原因。

德威特还做了一些让我至今难忘的事。他当着客户的面夸赞我。为什么他不夸夸自己呢？他没有在客户面前炫耀自己从业25年的丰富经验，也没有吹嘘他那杰出的专业知识，而只是跟客户说他为自己的团队有我这样的合作伙伴而感到幸运，还说我是他们前途无量的年轻合伙人之一，也是他们当中工作最努力的一个。这次讨论与众不同，绝对比上一次我和电信公司的会谈精彩得多，这才是建立新关系的一次良好的开始。

一周之后，那家公司再次打电话给德威特，邀请我们去做进一步的探讨，之后又制定了方案。德威特一直和他们合作到八年之后他退休的那一天。如今，他们成了我的终身客户。自从那次会议之后，我非常乐意跟随德威特并向他学习。

当有人提出"能否向我们介绍一下你们公司的情况"这样的问题时，你一定要让他们说得具体一些，你可以这样问："你想具体了解我们公司哪方面的情况呢？"同样，当有人问你："你能介绍一下自己吗？"你可以问他："你想具体了解我哪方面的情况呢？"

| 提问的心得 |

你想具体了解我哪方面的情况呢

　　当别人问我们问题时，我们很少要求对方清楚地说明他们具体想知道什么。你有没有见过有些人就一个错误的问题一口气回答了五分钟？他们认为自己听懂了，但回答的却并不是对方真正想要问的问题。这是多么尴尬的一件事！

什么时候问最合适

- 当你被问到一个总体性问题，而这个问题有可能需要很长的回答时。
- 当时间很短暂，你又想针对自己的目标做些简短回答时。

你还可以这样问

- 你对我经历中的哪部分感兴趣？
- 你希望我具体介绍哪方面的情况？
- 在我回答你的问题之前，你是否已经对我们的公司有所了解了？
- 如果我先介绍一些像你这样的客户的案例来开始我们今天的探讨，你觉得如何？

接下来这样问

- 这样能回答你的提问了吗？
- 你还希望我们谈些什么？

02

四个问题，助你突破销售瓶颈

没有需求，哪来的销售

迪安·卡门（Dean Kamen）是一位卓越的发明家。他名下的发明专利超过了 100 项，包括胰岛素泵、便携式肾透析机、电动轮椅等。他身后有世界上最富有和最强大的风险资本的支持。很少有人能刷新他保持的成功纪录。

2001 年 12 月，卡门为他的新产品举行了发布会。据他说，该新产品将给世界运输业带来彻底的革命。十几年来，他一直为此做着秘密的工作。这项发明就是摄位车（Segway），一种电力驱动、具有自我平衡能力的个人用运输载具。它的市场究竟有多大？答案是：60 亿人的市场！这预示着摄位车将引起巨大的轰动。在参加了卡门的新产品发布会后，《新闻周刊》预计摄位车将会成为21世纪最重要的发明之一。

卡门信心十足地说，一年之内他的新工厂每周将可以生产出1万辆摄位车来，每辆车的标价近5000美元。据《连线》杂志报道："卡门说，估计像联邦快递和美国快递公司这类公司的高管将会关注到他的高科技动力滑板车（Stand-up Scooter），并惊异于没有它的这些年，公司是怎么熬过来的。"

事实上，卡门的那家工厂每周只能出厂10辆摄位车，而不是1万辆。十几年后，也只会有5000辆车售出，这一数字远远低于之前预测的1亿辆。人们会骑着摄位车去上班？去上学？事实并非如此。人们有汽车、公交车、火车，再不济还有两条腿。摄位车的市场需求根本没有那么大。摄位车肯定不能回答人们是否会购买的第一个先决问题：摄位车是否可以为购买者解决什么重要问题，抑或是为其提供什么机会？

因此，如果消费者没有需求，又哪来的销售？

没有责任感和主人翁意识，哪里来的销售

1977年4月17日，美国前总统吉米·卡特公开发表了一次关于能源危机的精彩演讲。他解释说中东国家已经提高了石油价格，而美国却严重依赖国外的能源供应。他呼吁美国人要节约能源。他挥舞着拳头，将这次挑战称为"道义战争"。

卡特在关于能源危机的说法上绝对正确。他是一位超越他那个时代的、高瞻远瞩的总统。但自从那次演讲之后，他的公

众支持率却急剧下滑。公众完全不买他的账，甚至还有人嘲笑他。这到底是为什么？

1977 年的那个时候，美国公众还没有意识到美国要为能源问题负责。他们认为这些问题是由国外原油供应商所引起的，也是由那些大能源公司和大集团造成的，和美国无关。公众拒绝接受卡特总统能源计划的原因是，他不能肯定地回答决定人们是否会购买的第二个问题：购买者自身有问题吗？购买者有问题才可能主动采取行动。他们必须感受到责任，但在一个组织内部，他们往往是被领导授权去解决问题的。

因此，消费者本身没有感受到自身的责任也没有主人翁意识，又怎么会主动采取行动呢？

没有不满意，哪里来的销售

在 20 世纪 70 年代卡特总统的任期内，一场高保真革命席卷了美国。晶体管以及之后的合成微芯片的发明，为新一代立体声音响设备的出现奠定了基础。像博士音响（Bose）这样的公司也开始生产真正的高档音响设备，将听觉体验做到了极致。

消费者非常欢迎这些科技进步给生活带来的变化。很快，甚至连大学生们都开始热衷于音响效果出色的唱机转盘、扩音器以及音响。这一质的飞跃将旧时代的音响设备推入绝境。美国权威音响杂志 *Stereophiles* 对这些产品的听觉体验非常满意，给予了充分的肯定。

接下来，有人提出了令人振奋的四声道声音的主意。四声道可以提供四个渠道的声音，确实可以取代两个音箱。如果说立体声就像在听一场现场演奏会的话，那四声道的声音听上去就像你坐在舞台中央，而四周则环绕着演奏者一样。然而，四声道却成了一个极大的败笔。它非常昂贵，几乎没有一张唱片采用。更重要的是，消费者已经非常满意他们现有的音响设备的声音效果了。四声道音响设备很快就和福特 Edsel 汽车一样被扔进了垃圾堆。

四声道声音肯定不能回答决定人们是否会购买的第三个问题：即购买者对现有产品有明显的不满吗？或是他们要求改进的概率有多大？

因此，消费者对现有产品没有不满意，又哪来的销售呢？

没有信任，也就没有销售

2005 年，迪拜港口世界公司（Dubai Ports World）对英国 P&O 公司的收购以失败告终，这次冒险说明了人们是否会购买的第四个条件：客户是否相信你是做这一工作的最佳人选。

迪拜港口世界公司为迪拜政府所有，隶属于阿联酋航空公司。P&O 公司则持有负责管理遍布美国 22 个港口的管理合约。非美国公司 P&O 管理着如此重要的美国国有资产却没有人提出质疑，是因为它是一家很大的英国公司，而英国又是美国忠实的同盟国。但迪拜港口公司却不同。

政治家们很快就嗅到了危险的气息，他们觉得许多美国港口将很快会直接或间接处于中东政府的管理下。这一收购立即遭到了猛烈的攻击，甚至有人认为恐怖分子将会借此渗透到美国。迪拜港口世界公司作为港口管理合约持有者的风险被无限放大了。这一事件曾在美国国会闹得沸沸扬扬。美国国会甚至威胁将要否决这一收购。

迫于巨大的压力，迪拜港口世界公司不得不放弃了这次收购，而最终将 P&O 公司的美国港口管理业务卖给了另一家美国公司。迪拜港口世界公司不能肯定地回答决定购买者是否会购买的第四个问题：购买者是否相信你是做这一工作的最佳人选。

因此，没有信任，又哪来的销售？

突破销售瓶颈的四个先决条件

无论在什么情况下，当你试图劝说别人购买时，这四个条件都必须存在。你可能正在向一家公司兜售服务，也可能正在向你的老板提议一个新方案，这都没关系。一旦你的销售陷入困境，你就必须问自己：

- 购买者是否有实质性的问题要问你？或者是否能从你这里得到解决方案？（为什么他们要雇用你去解决他们认为根本不存在的问题，或购买他们根本不需要的产品呢？）
- 购买者是否有问题要问？（他们会付诸行动吗？他们有

责任感吗？如果没有，那你就找错了谈话的对象。）

- 购买者对目前的承诺或改进方式是否明显不满？（只有当现有的行为或承诺与期望值之间存在差异时，人们才会选择购买。）

- 购买者是否坚信你是做这项工作的最佳人选？（我有一个问题需要解决，而且我有权去处理这个问题。另外，我对目前的承诺明显不满，但我不相信你或你的公司能做好这件事。这些都不会给你带来销售。）

无论你想推销什么东西，你都必须判断这四个条件是否都存在。在第一篇后面的提问笔记中，我将会罗列出一系列应该向潜在买家提出的额外问题，这些问题将有助于你来判断每一个条件的答案是"是"还是"不是"。

一项服务、一件产品或一项创意的销售都需要你投入时间和资源。你必须做出决断并付诸实际，在全身心投入销售之前，你必须问这样一个问题："他们是否准备购买？"

| 提问的心得 |

他们准备购买吗

你之前听过这样的说法吗？"无论我们如何费尽口舌地不断说服他们，他们却还是不会掏钱购买，最后只能无果而终。"当听到人们准备购买时，那是多么让人兴奋的一件事。买家会将手伸向你，对你们之间的互动表现出浓厚的兴趣。如果以下这四个条件都不存在的话，他们就不会购买你的产品、服务或创意。

条件 1: 买家是否有问题要问或是否有提问的机会

你应该这样问对方："你现在的成本开支主要来源于哪里？""如果你不能解决这个问题，会给你带来什么样的结果？""你认为这次机会有价值吗？""这是你最优先的考虑之一吗？"

条件 2: 买家是否有问题要解决

你应该这样问对方："谁有问题要解决？""你负责解决这个问题吗？""谁对解决这个问题所需的费用有决策权？""在解决这件事上谁需要介入？"

条件 3: 买家是否对目前的承诺或改进明显不满

你应该这样问对方："这就是你受够了的主要原因吗？""你是否还有要补充说明的？""你为什么觉得现在是时候需要新的资源来取而代之了？""你的努力是否有效解决了这一问题？"

条件 4: 买家信任你并相信你就是他们想要的最佳人选吗

你应该这样问对方："你正在寻找什么样的其他解决方案？""你是如何评价我们在这一领域的能力的？""你对我们或我们的方案有什么顾虑吗？"

03

这是真正的使命，还是你的一己私欲

多年帮助人们解决问题的经验告诉我，只有满腹热情且聚精会神地倾听他人说话时，才能显示出你的诚意来。人们也只有在相信了你的诚意之后，才会完全投入到你所说的事情上来。

在每个月的例行教练会上，我都会见到里克·哈伯（Rick Haber）。他是一家市值 20 亿美元的保健公司——生命健康公司（Life Health）的 CEO。生命健康公司是一家大型非营利医疗中心。除了它，这一地区还有一家叫圣弗朗西斯（St. Frances）的医院。它规模相对较小，坐落在该城的富人区。

"我正在极力推进对圣弗朗西斯医院的收购，"里克告诉我，"它们拥有这一地区最大的心脏科以及众多顶级的心脏病专家。

我需要将他们收归我的账下。这是我们中心目前的一项空白。如果需要的话，我甚至可以将整个医院吞并了。"

"里克，我知道你的意思了。"我说道，"你是一个野心勃勃的家伙，正是由于你的推动和坚持不懈，生命健康公司才能在这座城市成为市场领导者。"然后，我接着问他："你能提示我一下生命健康公司的使命是什么吗？"

"那不难。我总在不断地向我的员工强调这一点，我们公司的使命就是在维护生命健康和预防疾病方面提供最有效的方案，并以尽可能低的成本给患者提供最周到的和最负责任的治疗。"里克自信地说道。我停顿了片刻，消化了一下他刚才关于公司使命的说法，然后接着问他："那这一收购又如何能对你公司的使命起到促进呢？你收购的核心目的又是什么呢？"

"有道理，"里克开始回答我的提问，稍做停顿之后接着说，"是的，我只是看到了我不断进取时的一次机会。你知道，我是一个非常有进取心的人。"此时我竖起耳朵仔细听他说，每当我听到"只是"这一词时，警报便会拉响。我想到著名传教士哈里·爱默生·福斯迪克（Harry Emerson Fosdick）曾经说过，一个人自我封闭无异于作茧自缚。

"请告诉我，里克，在你们公司的使命中，哪一点体现了你需要收购圣弗朗西斯医院心脏科？你会断送了这家医院的心脏科。他们的医生会因为这次收购而面临被解散的命运。"

"你说什么？"他问道。"我没说什么，我只是在问你。"我回答道。

———————

接下来，我没再说什么，只是安静地坐在那里。这仿佛是世界职业棒球赛中的沉默——就像对方球队在第一轮发球中赢得了八分时所发生的情形一样。过了一会儿，我才又开口说道："里克，我是问你的使命是什么，收购圣弗朗西斯对公司的使命又有何促进？这是否与你所代表的公司使命一致？"

里克对此次收购的意义并没有想清楚，从他的脸上我看到了这一点。他心里很清楚一点，对于圣弗朗西斯医院的收购与达成生命健康公司的使命毫无关系。他甚至知道即使没有心脏病治疗这一项目，他们依然会是市场上的领先企业。

"里克，"我补充道，"我们都明白更大未必意味着更好，而更好就是更好。"

使命就是一切。当有人想往前更进一步，或做出重大决定时，检查一下这是否与他们的使命相一致。可以问一下："这对你既定的使命和目标有何促进？"

| 提问的心得 |

这对你既定的使命和目标有何促进

我们的使命与目标绝对是关于我们是谁和我们想成为谁的核心所在。这对于机构和个人而言都是千真万确的。然而，我们常常偏离使命。我们总是太关注于眼前这棵树，反而看不到身后的整片森林。由于人类的弱点，当我们忙于追逐成就、财富、权力、名望和满足自我欲望时，往往会偏离原有的使命和目标。然而，请记住，成就、财富、权力和名望都无法滋养我们的心灵和灵魂。

什么时候问最合适

- 当你看到别人正在做与他们的核心使命不相符的事时。
- 当有人正在为一个新的发展方向投入重要的时间和资源做决策时。
- 当你怀疑别人没有对其使命与目标的真正意义进行周全的思考时。

你还可以这样问

- 你能告诉我你的使命和目标是什么吗？
- 这与你的价值观和信念一致吗？

接下来这样问

- "为什么？"或"为什么不？"
- 还有什么其他你正在考虑的想法或初衷也能帮你达成你的使命？还有哪种想法也值得你考虑？

04
这是你能做到的最好的吗

1983 年末，苹果公司宣布了 Mac 机的诞生。它那最具创新性的特征—— 一只在手中随意移动的鼠标、图形用户界面以及更多的创意，重塑了十几年以来个人电脑的新潮流。

史蒂夫·乔布斯喜欢通过非常炫酷的媒体手段来发布他的创新性产品。如果现在让人们回忆一下 1984 年美国第十八届超级碗橄榄球赛，估计没几个人能够想起有哪几支球队参赛了，也很少有人能想得起当时的比分。然而，当年亲眼看过苹果公司商业广告的人恐怕至今都难以忘怀。

一位一身田径服打扮的姑娘手持一把斧子冲进了一间大礼堂，礼堂里面坐满了表情木讷的观众。观众前面的巨型屏幕上播放的是一位权威人士正在滔滔不绝地讲话，姑娘将斧头一下子就扔到了屏幕上。

苹果公司的这一段商业电视广告尽管已经过去 20 多年了，但它几乎囊括了所有的奖项，至今依然受到粉丝们的狂热追捧。当时在苹果公司的总部，大家正忙碌地准备着新产品的商业发布会。员工们正在疯狂地连夜加着班，连午餐也是在工作台上解决的。史蒂夫·乔布斯也在走廊里踱来踱去。

"做得更好一点，更好一点。"乔布斯总是这样鼓励产品开发人员。他总是要求苹果公司的每一样产品都要值得期待。他对生产"几近完美"的产品非常执着，这已然成了他在苹果公司担任 CEO 期间不屈不挠的强大支柱。

有一天，乔布斯造访了 Mac 机首席工程师的办公室。"开一下机子。"乔布斯要求工程师把桌子上的那台即将问世的、具有革命性的新型桌面电脑的工作样机打开。开机大概用了几分钟的时间，这是因为它需要测试存储、初始化操作系统以及完成其他开机指令。

"你应该让启动再快一些。"乔布斯说完便转身离开了。为了提高计算机的效率，工程师们继续辛勤地工作。几日后，他们终于可以自豪地向乔布斯展示将开机速度稍微提高了一点。

"这是你能做到的最好的吗？"乔布斯说完又突然转身离开。经过了几个日夜的奋战，Mac 机团队终于将开机速度又提高了几秒。当他们再次见到乔布斯时，乔布斯依然不满意。但乔布斯并没有严厉地指责他们，而是用一种深邃的目光盯着样机，陷入了沉思。当工程师们开始向他解释一些有可能提高开机速度的方法时，乔布斯打断了他们。

"我敢打赌将来会有 500 万人每天至少打开一次他们的 Mac 机。因此，如果你们能把开机速度提高 10 秒，乘以 500 万用户，那就是每天 5000 万秒，一年加起来就是 12 个人的一生。所以如果你将开机速度提高 10 秒，就是拯救了 12 条生命。"

乔布斯总结道："诚然，这是值得我们去拿下这 10 秒的！"

尽管 Mac 机的工程师们都认为这不可能，但他们还是受到了乔布斯的极大鼓励，准确地说，应该是受到了乔布斯想帮人们找回浪费掉的数十亿秒时间的强烈愿望所驱动。他们再一次全身心投入工作，在数天内成功地将开机速度又提高了 10 秒。

正是乔布斯这种永不停止的创新精神和驱动力，使苹果公司成了世界上最有价值的技术公司。"这是你能做到的最好的吗"这个问题也喻示了苹果公司的企业文化。在你周围又有多少人是在尽自己最大的努力将工作做到最好呢？

在 Mac 机发布前 11 年，美国国务卿亨利·基辛格有一天打电话给他的特别助理温斯顿·洛德（Winston Lord），让他到自己的办公室来一趟。

洛德是一位公认的非常优秀的人。当年他即将成为驻华大使，同时也是国会议员。基辛格向他提出了一个直截了当的要求——写一份总统外交政策报告。洛德非常清楚他的老板要求每个为他工作的人都做到最好，但他还是对接下来会发生什么没有准备。

也许洛德忘了，基辛格那份著名的题为"历史的意义"的哈佛大学毕业论文就长达 377 页。

洛德回忆了那段经历：

我写好那份政策报告草稿后，把它交给了基辛格。第二天他打电话问我："这是你能做到的最好的吗？"我回答道："亨利，我想是的，不过我愿意再试试。"于是我又返回去重写，几天后给他交了另一份报告，他又在第二天打电话问我："你确定这是你能做到的最好的吗？"我说："嗯，我真是这样想的，不过我再试试吧。"之后，我总共给他递交了八份草稿，每次他都问我："这是你能做到的最好的吗？"于是当给他递交第九份草稿，他又问同样的问题时，我真的恼怒了，并对他说："亨利，我都绞尽脑汁了，这已经是第九遍草稿了。我想这是我能做到的最好的了，我不可能再改进任何一个字了！"这时他抬头看了我一眼说道："这样的话，我现在就开始看这份报告吧。"

基辛格是一位非常严苛的人，但毋庸置疑的是，那些为他工作的人都创造了生命中最优秀的工作业绩。他们可以说是一支超级精英团队，这不能不说也得益于基辛格的告诫："这是你能做到的最好的吗？"

这是一个非同寻常的强有力的问题，尽管一定要慎重地使用它——因为它能让人几近疯狂，但还是应该使用。通过问这个问题，你将帮助他人成就他们认为自己不可能做到的事情。

> 当你想要推动别人将自身的潜能发挥到极致时，当你需要别人尽最大的努力工作时，你可以这样问："这是你能做到的最好的吗？"

| 提问的心得 |

这是你能做到的最好的吗

当别人很有希望去尽最大的努力时，以及当你想要鼓励别人去挑战自我的极限时，你应该连续不断地问他们这个问题。

通常，当我们尽到自己最大的努力时，我们就能够战胜平庸。平庸是卓越的敌人，就像格勒善法则（Gresham's Law）所说的"劣币驱逐良币"一样。一些企业提供的客户服务很糟糕，但却还不知道自己为什么会失去市场份额。某些大学生在学业上不肯努力，却总想着在毕业时能得到一份满意的工作。冷漠只能让人失去努力奋斗的激情。这个问题能够激励他人向更高的目标前进，让他们更加关注怎样才能做到最好。

什么时候问最合适

- 当你要求同事为你完成一项任务或项目时。
- 当你试着让孩子尽最大的努力来达到更高的要求时。
- 当你正在为一项任务而工作，无论它是怎样的一个任务，请问一下自己："这真的是我能做到的最好的吗？"

你还可以这样问

- 还有提升空间吗？
- 有什么办法能让它变得更好些？

接下来这样问

- 还有什么能阻止你？
- 你觉得它值得你尽最大的努力吗？
- 这件事最成功的地方是什么？还有提升空间吗？

05
用封闭式问题摆脱兜圈子的烦恼

理查德·科努尔（Richard Cornuelle）是《重拾美国梦》（*Reclaiming the American Dream*）的作者。他在给我的赠书上写下了"给我最好的朋友，并致以最诚挚的祝福！"这句话，还签上了自己的昵称"迪克"（Dick）。理查德·科努尔是一个非常好的人，我们是在一起工作的老同事。

这本书给我留下了深刻的印象，就像该书作者所做的一样。这本书一经出版就在全美引起了轰动，并且连续数周荣登《纽约时报》畅销书榜单。它带给了人们一种全新的正能量和重生的魄力。它无疑点燃了人类灵魂的火花！

我曾忙着为一个项目寻找基金，就是通过私人银行为大学生筹集资金，而不必向政府借款。科努尔牵头做了这件事。和他在一起工作，我感觉就像听到了骑兵队冲锋陷阵的号角。

最近科努尔去世了。他是一位伟大的巨人，就像一棵直通天堂的参天大树一样。在那些日子里，他的书在某种程度上令人震惊，成了许多人的新教条。

科努尔的书至少说明了一件事情，那就是任何依附于美国政府的有关社会改善的项目都是失策的，而且可能会滋生腐败。科努尔倡议美国政府应该多谈一些好的结果，少做一些干预，并能提供充足的资金。（我记得哈姆雷特曾警示人们魔鬼往往会以美好的假面出现。）

科努尔非常乐于引用德·托克维尔（De Tocqueville）的观点作为旁证。有一天我坐在他的办公室里，他拿出一本论文集读给我听，告诉我德·托克维尔是如何声明我们的国家在没有政府参与的情况下所具备的解决问题的智慧。

我们通过私人银行为大学生筹集奖学金援助基金的计划获得了巨大的成功。在很短的时间内，我们征募了 400 家银行。人生最大的喜悦莫过于你完成了别人认为不可能做到的事。接下来，科努尔想为那些弱势群体解决住房问题。他是如此坚定和果断。只有科努尔才能做到如此果断，也只有他才能显得如此自信。

"我需要你给我一个答案，"有一天他对我说，"我现在就想知道答案。"

科努尔想让我明确回答是否参与这个计划。"你愿意和我一起来做这件事吗？我需要你回答是，或者不是。"他具有看透别人的本事，仿佛能直接看到你的灵魂深处。但我的问题是，尽管我很喜欢这个家伙，也被他的人生哲理所吸引，但那时我手中还有一项工作正等着我去完成，我不可能停下手中毕业生的工作而搬到这个国家的另一边去。

在我告诉你我当时的心情前，先让我解释一下大猩猩斗殴的故事。想必你对这个故事还有些印象吧。

有两只公猩猩正在打架，互相示威着，它们互相围着转，一圈又一圈的。在打架的过程中，它们手里抓满了尘土，然后向空中抛洒，仿佛下起了一阵尘雨，这就是所谓大猩猩式的斗殴。没有什么实质性的事情发生，大猩猩只是在那里原地兜圈子。

科努尔的问题问得很对。他想要的答案就是"是"或者"不是"，没有大猩猩式的兜圈子。他就想知道我是否愿意和他同舟共济。

当被问及一个直截了当的问题时，人们往往喜欢在那里兜圈子，而不是正面回答别人的问题。你所要做的就是判断他们是否直接回答了。也许他们会回答"是"或者"不是"，也许他们正在那里绕来绕去却不正面回答。你想要得到清晰回答的唯一办法就是问一个封闭式问题——只能回答是"是"或者"不是"的问题。

是做决定的时候了！我必须给这位小小的政府部门的传教士一个明确的回答。我是跟他一起去开创下一个辉煌，还是将我的余生耗费在枯燥乏味的精神世界里？"是的，是的，我愿意同你一道去完成这一壮举，迪克！"我回答道。

假设科努尔当时这样对我说："我希望你能考虑一下和我一起去做这个新项目。"或者这样问："你觉得我们一起去完成这个新项目的可能性有多大？"抑或是其他的问法，那估计会使得我们展开一场热烈的讨论，却不利于做出任何决定。那并不是他想要的。他想要的是"是"或者"不是"。这就是为什么在某些情形下进行封闭式提问往往会是正确的选择。

当你想得到一个清晰而明确的答案时，请一定要问一个明确的封闭式问题："是，还是不是？"

| 提问的心得 |

是，还是不是

当你试着让某人在某件事上做出明确回答时，或者是促使他们下定决心时，有许多提问方式。有温和请求的提问方式，如"你觉得……如何"。但有时候，你不能给对方留有动摇的余地。

当你想获得直接而由衷的回答时，封闭式问题会很有效：用恰当的方式有目的地提出一个封闭式问题：是，还是不是，对于提问者来说，是力量和高要求的最好结合。

什么时候问最合适

- 当你需要弄清对方是否全身心投入时。
- 当你想找出对方的任何疑虑或犹豫时。

你还可以这样问

- 你能够全心投入此事吗？
- 你是否愿意做这件事？
- 你现在能做出最后的决定吗？

接下来这样问

- 这件事最能让你兴奋的是什么？
- 你最大的疑虑或顾虑是什么？

用能引发互动的问题避开陈词滥调

"我真想把他从我的办公室里扔出去！"

"什么？"

我正和一家跨国公司北美营业部的 CEO 弗雷德（Fred）待在一起。弗雷德以前是世界最大银行之一的首席信息官（CIO）。每年都会有上百名销售人员打电话给他。

"大凡你能说得出名字的公司，"弗雷德告诉我，"像高盛、IBM、埃森哲、麦肯锡、EDS，还有从这里到整个西海岸的投机商号，它们总是试图向我兜售它们的产品。"

———————————

弗雷德非常聪明，而且强硬，容不得任何愚蠢的行为和人。

但我依然无法想象出他将某人扔出自己办公室的场景。

"你真的把他扔出了你的办公室？还是只是开玩笑？"我问他。"我没有开玩笑，"弗雷德回答道，"他问了一个愚蠢的问题。""什么问题？"

"是什么让你彻夜难眠的？"他摇着头继续说道，"你知道的，这是一个多么可怕的问题。太过分了！简直就是陈词滥调！没有一点儿新意！最糟糕的是懒惰！我最讨厌懒惰的销售人员了。不过在某一点上，似乎每一个销售人员、银行人员和咨询顾问都在问那个问题。他们就像旅鼠一样，先是打电话给我，然后千篇一律地问我：'是什么让你彻夜难眠的？'"

"真是不可思议！他们以为问我那个愚蠢的问题，我就会像个志愿者一样立即主动告诉他们我觉得最棘手的事是什么。接着他们就会说：'哦，我们有办法解决它。'于是我就请他们离开我的办公室。"

"那样的推销方式对你不管用？"我问道。我知道那样的方式对大多数人都不管用，但我还是想弄清楚弗雷德是如何看待这件事的。

"是的，一点儿用都没有，对任何人来说都是如此！好吧，我们边喝咖啡，我边向你解释为什么。让我来告诉你真正的聪明人是怎么做的。"弗雷德的行政助理送来了两杯新煮的咖啡。我们从他的办公桌前转移到了他办公室中小小的会客区，那里有一个沙发、一张咖啡桌和一把椅子。我们坐了下来。

我简直不敢相信自己的好运气。我觉得仿佛又回到了14

岁那年，听我那位莫顿叔叔一边抽着雪茄一边抿着干邑讲关于好日子的哲学。现在，我将跟随世界上最好的导师去学习如何与一位前途无量的高管初次打交道。

牛顿对于自己卓越的科学成就曾这样说道："我站在了巨人的肩膀上。"此时我仿佛觉得自己是被弗雷德提起来直接放在了他的肩上，我无疑是骑在了巨人的肩膀上了。

————————

弗雷德解释道："'是什么让你彻夜难眠'这个问题很愚蠢。第一，这简直就是无的放矢。问这个问题说明他并没有做足功课。他既没有查阅对方公司的资料，也没有思考他们所面临的问题是什么。这个问题恰好反映出了他毫无准备，所以我说他是一个懒惰的销售员。"

我疯狂地记录着他所说的每一个字。

"第二，如果一个人不是很充分地了解了你，那他就不会告诉你他内心的真实想法。提那种类似玩笑的问题之前，你首先需要在你们之间建立起一些信任和信用来。你先好好琢磨一下吧。

"第三，当你的谈话对象是一位 CEO 或者公司高管时，这的确是一个很成问题的问题。从我的角度来说，我主要关注的是公司的发展和创新问题，而并非运营层面的问题。我有专门聘请的运营官来担忧这些问题。像'是什么让你彻夜难眠的'这样的问题的确不能帮助你获得最富有成效的结果。"

"那么，聪明的销售员应该怎么问呢？"

"你应该先和我预约安排一次兼顾各方的会议，而且你要做好前期准备。你要去阅读我们公司的年度报告，浏览公司的网站，阅读我以往的演讲内容和接受采访的视频资料。总之，在进这个门之前，你应该了解我的优势和战略。

"但接下来的事情也很重要。当你坐到我对面时，千万不要擅自揣测我真正关心的事是什么。你应该自信而谦逊。你可以询问，可以尽可能地提建议，但千万不要走进来跟我说什么是我真正关心的问题。

"聪明的销售员会巧妙地问一些间接的问题。他们会这样问：'弗雷德，您对贵公司两大竞争对手的合并是怎么看的？'或者说：'我对您上个月在投资者大会上的发言很感兴趣，您在亚洲市场的推进将如何影响您公司的财务控制和风险管理要求？'

"有一天，一位销售员在仔细阅读了我们股东签署的委托书后，很睿智地问了一些关于我们高管补偿计划的问题。她想知道为什么我们会做出明确的选择。这是一次令人着迷的讨论，同时她也了解到了我的想法以及我关于人才留用及管理的策略。尽管我们很满意目前的供应商，并没有任何给她生意的想法，但她还是给我们留下了一个机智的好印象。我相信她的公司将来一定会从我们公司得到一个项目的。

"换句话说，就是你问我的问题一定要体现出你的水平和丰富的经验来。比如，跟我谈谈你对我们的竞争对手的观点，以及你是如何看待行业发展的，并让我能参与到谈话中去，这样，我才能畅所欲言。一旦谈话开始了，你也许就可以稍微直接一点地提问了。

"你甚至可以这样说：'这是我们已经讨论过的几点——X、Y 和 Z，你想从哪一点去推进？你认为哪一点最棘手？'"

————————

我们顺利地结束了今天的谈话，我心满意足地笑了。在短短一个小时内，我却学到了一学期才能学到的高级销售课。

"弗雷德，我今天真是受益匪浅！谢谢你的咖啡！"

"我很高兴今天能和你一起讨论。顺便说一句，你的确是一个很好的聆听者。欢迎随时给我打电话。"

这次会谈提醒了我，成功人士很乐意帮助别人进入他们的圈子，同时，他们也非常乐善好施。有时候，征求一下客户或同事的建议能够让他们有机会感受到你们之间的友好关系，而你也能从中受益。

当你了解了领导者的想法后，就不要再问那些无聊而又陈词滥调的如"是什么让你彻夜难眠"这样的问题，而是应该想办法让他们参与到关于他们所面临的挑战的讨论中来。你可以问一问当前事件会产生怎样的影响，或者问一下他们对未来的打算等。

让我举一些例子来帮助你思考：

● 你们公司未来的增长将来自哪里？

- 你如何看待贵公司现行战略正在发生的改变，请给出一些例子……（如新竞争对手的成功，低成本进口的增长，管制解除等。）
- 有时"突破"意味着"结束"。有什么是你将不会再强调的或停止做的？
- 为什么你会如此成功？未来会有怎样的变化呢？
- 要达成目标，需要加强公司的组织能力还是运营能力？
- 你在对公司未来进行思考的时候，什么最让你感到兴奋？又是什么最让你担忧的呢？

千万记住不要问诸如"是什么让你彻夜难眠的"那种懒惰的糟糕问题，相反，应该问一些关于未来的信息获取型的问题。问的问题一定要有能够让人发挥想象的空间，或者要与对方的抱负、优势以及世界观有关。

销售人员应避免问的杀手问题

什么最让你感到惊喜

当得到了一份新工作或经历了一次意义非凡的新体验时，人们往往爱问这个问题。但即使对方诚实而积极地回答了，也未必能给出一个好的答案。如果你说对什么事感到惊喜的话，那就意味着你很幼稚，不知道会面临什么样的情况。如果你说没什么可惊喜的，那就会被认为自满或迟钝。里维斯克拉克学院（Lewis and Clark College）院长巴里·格拉斯纳（Barry

Glassner）在《华尔街日报》上是这样描述这一问题的：

> 如果我每次都能拿到 1000 美元，就会有人问我："什么最让你感到惊喜？"在我担任学院校长的 7 个月后，我能够购买一辆配置不错的凌志车。这根本就是一个显而易见的问题……每一种回答都有危险。

我更愿意这样问："在你新工作起步的前六个月，你最关注的事情是什么？"或者问："对于你的新角色，你是否已经有了一个长期的规划？"

还有什么问题我没有问

这是一个被一位知名营销专家称为终结推销电话的杀手问题。这个问题带有明显的企图，那就是让潜在客户在整个销售过程中成为你的教练而非销售对象。这多少有点操纵别人的嫌疑，忸怩作态地说："我们真的是属于同一战壕的……请给我一些建议，如何才能成为一名更有效的销售人员！"这和"是什么让你彻夜难眠"这个问题一样过分。

还有许多类似的问题。犹如避免在提问之前就迫使客户说了三次"是"的问题一样，销售人员也应该避免这些问题。

我更愿意这样问："对于这一特殊的挑战，你觉得还有什么相关问题是我们没有讨论到的？"或者问："为了让这件事进展得更加顺利，你认为我还应该跟谁进一步谈谈？"

07

聆听，而非越俎代庖

聚集在会议室的是一家全球最大金融机构的八位高管。一瓶一瓶的起泡酒和矿泉水整齐地摆放在斑木会议桌上。会议室里安静得只听得见安装在天花板上的投影仪播放幻灯片时发出的声音。

"现在你可以通知他们进来了。"其中一位高管告诉随从人员。于是管理咨询师们走进了会场，与高管们一一握手问候。这些咨询师来自世界上最有声望的、最优秀的咨询公司之一。这家咨询公司很有影响力，公司的咨询师们曾被一家顶级商业刊物称为"现代商界的巅峰"，一本关于咨询行业的书也将他们称为"战略之父"。

他们是角逐这家银行 CEO 及其团队咨询项目的最后三家竞争者之一。这个项目的合同金额相当可观，是让整个咨询行业都梦寐以求的项目，没有比这更高的收益了。

演示持续了一个小时。一个极意外的政治问题被放到了桌面上。这家咨询公司的高级合伙人韦斯特维尔特（Westervelt）深入到了该公司的企业银行这一银行的主营业务线。他选择将自己为这家银行开发新战略的看法作为演讲主题，这显示了他的睿智。

> 韦斯特维尔特好像非常熟悉我父亲的那句格言：
> "不打无准备之仗。"如果没有十足准备的话，他将会
> 一事无成。

他非常了解巨大的企业市场，也清楚地知道银行的主要竞争对手。他在演示过程中充分展示了自己语言的流畅与魅力，整个演讲中没有出现过任何磕绊或"你知道的"这样的话语。

韦斯特维尔特的演讲是如此完美。在这个方面，他无疑是世界领先的专家之一。也许任何地方的任何一位咨询师都无法在知识和经验上胜过他。

时间仅剩下几分钟了，于是他停了下来问道："还有什么问题要问吗？"屋里的所有高管们都摇了摇头。

"非常感谢你，"银行的 CEO 说道，"这非常有启发性。"

当他们乘电梯从 47 层下来时，其中一位年轻的合伙人对韦斯特维尔特由衷地称赞道："你真是棒极了！"

韦斯特维尔特笑了。他和他的合伙人对今天的演讲感觉很好。为什么不呢？他们对这家银行简直是了如指掌。

––––––––

让我们再次把目光转到会议室。八位银行高管聚在一起快速地回顾了一下。他们见到的这些咨询师都是银行 CEO 所中意的。银行的 CEO 希望他们能拿到这个项目，但他不能强迫自己的团队接受他们。当他征询各位高管的意见时，得到的反馈和评价并不乐观。

最克制的发言来自银行的首席人力资源官杰妮芙（Jennifer），她在这家银行工作了近 30 年。最后一个发表意见的是彼得——全球企业银行业务部的头儿，他所在部门就是那些非常繁忙的咨询师们几乎花了大部分时间在游说的部门。

在咨询师的演讲结束后，彼得看上去很郁闷。他的脸微微涨红，显得焦虑不安。"我不可能让这样的人做我的咨询师，"他脱口而出，几乎不能控制自己的愤怒，"尤其是那位首席合伙人韦斯特维尔特，他根本就没有倾听我们……他没有同理心！"

银行 CEO 听后很担忧地让他再说得详细一点。

"他们几乎没有问任何与我们的战略和计划相关的问题，也没有了解我们做出的决策。他们没有肯定我们在企业银行业务方面的领先地位。他们骄傲自大，尤其是韦斯特维尔特！"

接下来，银行 CEO 又听取了人力资源官杰妮芙的意见，她听了咨询师们的整个演讲。"他从未与我进行过眼神交流，"

她私下里告诉 CEO 说，"一次也没有，仿佛我不存在一样，他们完全把演讲集中在了您一个人身上，这会让人不由地想，要是和他们每天共事会是怎样的感受？我觉得他们的风格与我们的企业文化格格不入。"

几天之后，这位 CEO 打电话告诉咨询师们，他们失去了这个咨询项目。不是说他们没有赢得，而是失去了！这位 CEO 解释说所有的公司在能力上不相上下。韦斯特维尔特和他的同事们都非常吃惊，也非常失望。他们不明白，这怎么可能呢？一年之后，那家赢得这个项目的咨询公司一直在和银行合作着，他们现在已经展开第三个项目了。

––––––––––

有一天在和这位 CEO 喝咖啡时，我问他："我很好奇，韦斯特维尔特的公司到底在最后竞标过程中做了什么事让他们失去了这个项目？"

这位 CEO 看着我，眉头紧锁并将头偏向一侧回答道："做了什么？就是韦斯特维尔特一个问题也没有问。他本应该问彼得有关企业银行业务的一个简单问题：'你能告诉我你的计划吗？'却来问我，而不问彼得。他忽视了一个最简单但又最讨喜的信息型问题：'你能告诉我你的计划吗？'"

我能够感受到韦斯特维尔特走进会议室时的心情。几年前，我去伦敦出差，顺便计划花几天时间自己好好玩玩。在准备启程前，我遇到了一个熟人。当我刚说了"伦敦"两个字时，他就迫不及待地对我说："哦，你应该，不，你一定要住兰斯伯雷酒店（Lanesborough Hotel），其他酒店都是二流的。"他说完之后大家都觉得很尴尬。

我的朋友不应该打断我，他应该问一问我的计划是怎样的，这样他就会知道我第二天启程，同样也会了解到我已经预订了一家我很喜欢的酒店，而且价格远远低于兰斯伯雷酒店 1 000 美元一晚的房费。但他没有询问我的任何计划——而是告诉我他们应该做的，其结果只能让大家不欢而散。

不要一开始就谈论自己的计划。你应该问他们："你能告诉我你的计划吗？"

| 提问的心得 |

你能告诉我你的计划吗

要想成为伟大的聆听者，必须遵循以下三个原则：

谦逊。印度圣雄甘地曾经说过："要想探求真理，就必须变得和尘土一样轻微。"你必须坚信你一定能从遇见的每个人身上学到东西。

好奇。随着年龄的增长，我们的好奇心也会越来越淡薄。5 岁的小朋友平均每天问 200 个问题，你一天问几个问题呢？如果能在任何环境下都保持一颗好奇心，你将聆听到更多的东西。

自我意识。你的主观与偏见将阻碍你去更好地聆听他人。在汽车销售中，该买哪辆新车往往是由女士们来决定的，但销售人员却错误地把更多的精力放在了她们的丈夫身上。

什么时候问最合适

- 当告诉别人你认为他们的计划应该是什么样的之前。
- 当你需要了解别人的意图和优先考虑的事是什么时。

你还可以这样问

- 你计划如何去实现它？
- 你的策略是什么？
- 你的未来将朝什么方向发展，你对此有什么想法？

接下来这样问

- 为了实现这个目标，你曾经经历了怎样的过程？
- 哪些事情是你已经决定不再做了的？

08

要去解决问题，而不要去消除批评

电话会议一开始就显得十分糟糕。电话另一头是我的客户和他公司的另一名高管比尔。我之前从未见过比尔。他现在非常生气。我非常担忧一个主要项目的进展，而他认为让我参与解决问题只能让事情变得更加糟糕。

"这简直乱了套了，"他在电话中咆哮道，"恕我直言，你建议的方法听起来简直就是多余！我不明白它怎么可能解决这一切。"

感谢上帝，这仅仅是一次电话会议。我很庆幸：幸亏不是一次面对面的会议。

比尔咆哮、抱怨和批评了近25分钟。他不断抱怨那个他们正在进行的项目还没有结果。他指责合伙人的自满以及他们太关注于内部的那些事了。但很显然，他并没有提及事实，那就是他们所面临的资金缺口。他也没有提及他们应该从哪里入手，而合伙人应该做哪些改进。

我之所以同意参加这次电话会议，是因为它对我的客户有利。著名演员和国会女议员克莱尔·布兹·卢斯（Clare Boothe Luce）曾经说过"好心没好报"，我的境况真是应验了这句话。

在离会议结束还有五分钟时，我轻轻地插了一句："比尔，我能问你一个问题吗？"

"嗯，可以。"他不屑地回答道。

"当你面对年轻的合伙人时，你认为什么才能够建立起一种紧密的客户关系，也就是你希望他们应该多做些什么？"

之后，大家沉默了片刻。比尔急切地说道："嗯，这是个好问题！"之后比尔又大声地说："哎！现在你已经把我拉回正轨了！"他的声音里夹杂着几许发泄后的兴奋。又停顿了一会儿，他补充道："嗯……好，让我们言归正传。"

接着他开始说他希望看到的改变："他们需要一张像你发送给我的那种导图。是的，从最上面的一页开始。我很喜欢它，我认为他们有三件事情需要做得更好。"他不再咆哮了，怒气也逐渐消失了。突然之间，就像发生了奇迹一样，暴风雨停止了，海面又重新恢复了平静。这时，我们才真正进入关于这些事情的实质性讨论中。

几个月后，在比尔的批准下，我又和这家公司开始了新的合作项目。这不是因为我卖了什么东西给他们，而是因为我在关键的时候问了一个正确的问题。

一个好的问题就像一剂能够抚平坏情绪的良药，将他人拉回真正重要的事情上来。当我问比尔"你希望他们应该多做些什么"时，我就将脱轨的对话重新拉回到了正确的轨道。

人们经常抱怨别人并坚持让他们做出改变。你应该通过问这个问题将他们从批评上拉回到解决问题的轨道上来："你希望他们应该多做些什么？"

| 提问的心得 |

你希望他们应该多做些什么

"他们必须做出改变！"这是一种普遍存在的批评。批评是会传染的。如果你能让别人聚焦在自己所希望看到的行为上，你就能够建立起强有力的直接对话，也能够将抱怨和批评转化为关于如何继续前行的建设性对话，并帮助他人重塑对于问题的理解。

不要去消除批评，而要去解决问题。

什么时候问最合适

- 当别人抱怨工作时。
- 当某人遭到别人的挑剔和批评时。

你还可以这样问

- 如果你能让别人做出一件完全不同的事——采取能对行为产生巨大影响的行动的话，你希望那将是什么？
- 你希望他们做出什么样的改变？

接下来这样问

- 你为什么认为他们没有在做那些事？
- 他们之所以做错是因为他们缺乏常识和技能，还是因为他们的企业要求他们那么做，还是因为他们根本没有能力做到？

09

五个"为什么"探寻对方的真实需求

"我们将为我们的销售主管制订一个培训方案。这为期两天的培训课程中你能负责哪一部分?"科特·道森(Kurt Dawson)在电话中问我。他是一家工业设备制造企业全球销售部的负责人。

哦,我心想,一定要镇定一点儿。我很清楚自己这次要么绷紧弦了,要么朝着对该公司或者对我有意义的成功方向发展。

"让我们谈一谈吧,"我回答道森说,"我下周可以过去聊一下。"

"有时候培训并不是最好的开始，"我补充道，"以我的经验来看，那只不过是最后的选择。"直觉告诉我，他并不喜欢我的回答，他最想要的是销售培训，但他还需要什么吗？

5 天之后我来到了道森的办公室，小口抿着一家有着 20 年历史的咖啡店烧的咖啡。他向我描述了他的公司、产品以及增长势头强劲的销售队伍。

"我们如今已是市场的领先者了。我们拥有最高的商业品质，就连我们的销售人员也成了竞争对手争相抢夺的炙手可热的商品了。"

———————————

这听上去好得有些让人难以置信。我开始了我的第一个"为什么"的问题。我靠在椅子里问道："那为什么你还需要销售培训呢？"

"哦，这是因为我们需要继续不断提高销售人员的能力。"

我接着问了第二个为什么："为什么你需要提高你的销售人员的技巧呢？听起来他们应该是整个行业的佼佼者了。"

"我坚信如果我们能提高他们的销售技巧的话，他们将在新客户开发方面更有效率。"

我接着问了第三个为什么："那为什么你们需要增加新客户的开发呢？"

他看着我，好像我在问他为什么需要呼吸才能活着一样。

"现有的客户不足以支撑我们的增长目标，因此我们需要开发更多的新客户。"我们越来越接近问题的核心了。

于是我又向道森抛出了第四个为什么："为什么你们不能让现有的客户增长得更快些呢？"

随后，我们陷入了长时间的沉默。他不停地发出哼哼哈哈的声音。我没有再说什么，也没有去打破这一富有成效的沉默，而是等着他回答。

"嗯，我们每年都会有 20% 的客户流失。"

我几乎能听到每一部恐怖片的恐怖场景出现时伴随的从低音炮传出的低沉而隆隆作响的刺耳的乐声，它往往预示着某种不好的事情即将发生。就像格伦·克洛斯（Glenn Close）在电影《致命的诱惑》中刚从浴缸中跳出来时的场景一样。

"20%。"我随意地重复着这个统计数字，从我的声音中听不出任何判断来。

最后，我问了我的第五个为什么："我不得不问一下，为什么你们每年会失去 20% 的客户？"

"我们遇到了许多竞争对手，他们总是以低于成本的价格与我们竞争。但这一定不会持久，他们无法长期维持这样的低价。"

"你怎么知道的？"我决定再给他施加一些压力。

"我们向销售人员调查过，也从一些客户那里听说了这件事。"我已经挖掘得够深入的了。

我劝他先将培训的想法搁置一边，对自己的运营先做一次细致的检查。

———————

之后，我访问了公司的销售人员，也拜访了他们流失的客户。真正的问题很快就浮出水面了。道森公司并没有受到低价竞争的冲击，而是产品的质量和物流配送出了问题。由此我更加肯定了自己最初的想法。我告诉我的客户，如果他们不首先解决产品质量和物流配送的问题，即使培训了也无济于事。

正因为有了我问客户的这五个为什么，我们在一起合作的项目才更加广泛了，这远比销售培训的影响力更为深远。我帮助道森彻底检查了公司的整个运营环节，从生产到销售，从而使公司走上了可持续发展的正轨。

当有人说"我想要这样"的时候，你需要去发现他们真正需要的是什么。你可以通过问"为什么"去做到这一点。你可以问五个问题。从"你为什么想这样做"或者"为什么会发生"开始问起。

| 提问的心得 |

你为什么想要这样做

"为什么"这个问题如果用错了时间和对象的话，那将变成一个可怕的问题。它听上去暗藏着反对之意，像是在批评、挑剔和找碴儿。它会引起对方的反感。

"为什么"也能成为一个有力的问题。它能够让被问的人更加深入地思考他们正在做的事，并帮助他们直达事情的核心。"为什么"能够让我们停下来反思，并检查我们的行动，从而避免机械地一路向前冲。

因此，在问"为什么"时，一定要谨慎地判断是否合适，你应该经常问这个问题。

什么时候问最合适

- 当你真的想了解某个人的动机时。
- 当某人想去做一件事而你不能肯定是否他们真的需要这么做时。
- 当你试图弄清楚问题发生的根源时。

你还可以这样问

- 你期望从中得到什么样的结果？
- 你是如何决定采用这一方法的？
- 你为什么认为你应该从这里着手？

接下来这样问

- 那是为什么？
- 你为什么认为它会发生呢？
- 你如何看待这件事？

10

打破会议拖延顽疾

　　会议又被拖延了。我不停地看手表。时间正在不停地流逝。什么时候会议才能结束？想必这一幕你似曾相识吧？你甚至会想我是不是正在描述你最近参加过的一次会议。

　　这是一次关于新重点提案规划的会议。有三个人迟到，我们其余的人则坐在那里边喝咖啡边等着他们来。会议议程相当模糊——"讨论'客户至上'的提案"。从中根本不能清晰地看出这次会议的目标到底是什么。会议讨论被那些参会者的高谈阔论和故作姿态的演示弄得一团糟。你一定很清楚这类会议的风格，充满了嘈杂声。

　　我试图让会议更有针对性，但那简直是徒劳。"我们开会要达到什么目的？"我问，我也试图问与会的每个人诸如"这将如何影响你现有的客户"等问题。PPT 幻灯片不停地在屏幕上播放着，就像被绑到一起的脚手架一样，拆除，又重新捆绑。我想："为什么有人要将 PPT 幻灯片放上去，然后念给你听呢？为什么我们每一次所产生的想法都得通过 PPT 才能生成？"

会议一直到中午才结束（幸亏它只计划开三个小时）。有人提议："让我们为下一步计划列出一个清单吧。"与会的每个人都点头称是。这个主意听起来不错。每次会议都要以一个"即将做什么"的清单作为总结，这难道就是好的管理实践吗？

———————

下一步计划看起来是那么具有可操作性。凯西将打电话给比尔以检查这项或那项工作的进展，罗杰将尽力来支持这个项目。弗雷德同意详细记录这次会议的要点。最后，我忍不住打断了大家。"我能问一个问题吗？"大家又点了点头。

"我们今天要做出什么样的决定？"

嗯？他们认真地看着我。"你的意思是什么？"其中一个人问道。

"我的意思是，我们要做出怎样明确的决定？这是一次构架新议案的规划会议，因此我们要做出怎样的决定？我们能否为此列一份清单，之后进入执行阶段呢？"

于是我们写出了一份列有五项被认为已经做出决策的事项清单，然后重新围坐到会议桌前，开始逐一讨论以便统一意见。

结果清单中有三项因为没有达成一致意见，一项也没有通过。那三项中有一项还是"这个项目的主要目标是什么"。问题的根源是公司的领导层在宣布这个项目时就一直在强调他们的多重目标，包括"提高客户保有率，交叉销售更多的产品，以及抢占竞争的先机"等。

优化目标是执行的基础。这就是我想让与会者听懂的东西。我们正在列一份关于厨房用具的购物清单，却忽视了盛放这些用具的厨房本身。不，比这更糟糕的是，我们正在建一个厨房，却不能确定我们是要建一个偶尔做顿饭的厨房，还是建一个能够一天为 100 桌客人提供服务的餐厅厨房。我告诉他们我们仍然有许多事需要做，然而我们却没有聚焦在我们真正想要做的事上。我们又花了一个半小时，最后终于能够聚在一起开始讨论真正需要做的事了。

会议即将结束时，我们讨论出了一份已经通过的决策清单。这样一来我们都很清楚最优先的目标是什么了。具体的行动也有了，但这对决策的制定是次要的，因为它只是对目的的再次确认罢了。任何组织都能在会后列出一份下一步行动的清单来，因此决策就显得更珍贵和更有价值。

开始创建决策文化。在你每次开会前不妨问一下："我们今天需要做出什么样的决策？"在会后，再问一下："我们今天做了什么样的决策？"

| 提问的心得 |

我们今天做了什么样的决策

在每一个组织中，都存在着拖延现象。"我确实应该为自己的拖延症做点什么，但我却抽不出时间来做。"

人们往往害怕做决定，他们担心得罪有权势的人和既得利益者。比起要承担起责任的决策来说，不做决定会更容易些。罗列一份良好的行动清单的确很容易、风险也很低，但它并不能帮助你达到真正重要的目的。

当你们在一起做决策时，就意味着大家将拧在一起对事情做出一致确认，其结果就是对于一致通过的行动步骤要坚决执行。

什么时候问最合适

- 在任何会议之后。
- 在和家人或朋友讨论完一件重要的事之后，可以问："好吧，我们已经决定了吗？"或者"你已经决定做什么了吗？"

你还可以这样问

- 当某个人因某事或某个问题来找你商量时，你可以问："这需要我做决定吗？"或者"我能帮你做决定吗？"
- 在会议开始时，问："今天会议的目的是什么？"或者"我们今天想要做出什么样的决定？"

接下来这样问

- 为了在这件事上做出决策，还需要做什么？
- 大家全都同意那件事了吗？

11

彼得·德鲁克的"五个最重要的问题"

这是我生活中最让人兴奋和最值得记忆的一天，我来告诉你那是怎么回事儿。那得从一个电话开始说起。

"我能问一下彼得·德鲁克在加州克莱尔蒙特（Claremont）的电话号码吗？"我正在给一位长途电话接线生打电话。

我简直不敢相信我真的能跟德鲁克博士交谈。我曾设想过那应该是电话应答机或是看门人的声音。但我还是想试一试。我试着应用《白鲸记》中梅尔维尔的说法"所有付诸行动的人迟早都会用他们的方式取得成功"去实践一下。

"你想见彼得·F. 德鲁克吗？"我真不知道他的中间名字，但我肯定在克莱尔蒙特不可能有那么多叫彼得·德鲁克的人。我告诉她我要找的就是这位，她接着又问道："是住在马尔尚大街（Marchand Street）847 号的那一位吗？"

"嗯……是的，我相信这就是我要找的德鲁克。"紧接着，我听到电话中传来了彼得·德鲁克的声音。尽管他在这个国家生活了近 50 年，但还是保持着浓重的澳大利亚口音。

我向他解释说我打电话给他是因为我正在写一本关于激情和奉献的书，希望那些非营利组织的头儿们能够把它带给他们的董事会成员。我告诉他，我很希望能从他那里获得一些引用语或句子的授权，我会把它们纳入我的书中。

彼得·德鲁克是管理理论界公认的世界顶级大师和先驱之一。他还是著名的作家、教师以及咨询师。至今还没有一个人能像他一样对现代企业的发展和非营利管理实践有着如此伟大的影响力。

我告诉德鲁克我正在写的书是关于非营利组织董事会的管理方面的。"整个国家没有谁能比您更了解企业董事会了，"我解释道，"我感觉在企业董事会和非营利组织董事会之间有着重要的相似之处。我希望在这一方面能听到您的看法。您看什么时候再打给您方便？"

"太好了！"他说道，"我也在写一本关于非营利组织董事会的书。你能来见我吗？我们可以当面讨论一下。"好极了！我居然能和彼得·德鲁克先生一起讨论！

"那你是否可以周日来我在克莱尔蒙特的家？"我几乎高兴得跳了起来。克莱尔蒙特仅在 4830 公里之外，于是我们决定在三周之后的一个周日碰面。

————————

我到达加州的安大略机场之后，便租了一辆车，前往马尚尔大街。9 点钟，我准时按响了他家的门铃。

德鲁克博士穿着一件旧开领格子衬衫。"请进。我正在等你呢。我的妻子为我们准备了一些咖啡，我们到厨房边喝边聊吧。"接下来一整天我都和这位伟人待在一起。我尽可能快速地猛记笔记，很快就写满了整整两张纸。

我们最有意义的一个讨论被德鲁克博士称为"五个最重要的问题"。我很难为情地告诉你我记下了其中的四个问题。我被他的风度所折服，不想去打断他。回来后我才回忆起第五个问题是什么。我一会儿告诉你。

"对于董事会而言，他们需要考虑五个问题，"他说道，"作为一个成功的组织，你必须经过深思熟虑后清楚地回答这些问题。我将一个一个跟你详细解释一下。"

现在轮到你了，亲爱的读者。从你个人的角度来说，这些问题对你同样很重要。从我们的初衷出发，我将向你解释这些问题对于每一个人的意义和价值究竟有多大。

第一，你的愿景是什么？我们必须考虑一个组织的愿景。我确信对于每一个人来说，有一个个人愿景也很重要。我自己就曾经写下过自己的愿景，很令人震撼。

在你的个人愿景陈述中，试着回答这些问题：我是谁？我认为最重要的价值观是什么？我代表着什么？我一生所追求的成就是什么？我应该如何对待我生活当中最亲近的人？我希望自己如何被别人对待？我人生的目的是什么？把这些问题想透彻之后，用笔写下来。愿景陈述能够帮助你决定你是谁，表明你是谁，并按你所说的去做。

当你完成了个人愿景陈述后，你就能很清楚地知道自己存在的意义了。正如海明威所写的："它将带走你认为你所了解的有关自己的一切。"如果你什么也不做，我奉劝你还是在这方面下些功夫，回归到最本质的事情上来吧。

第二，什么是你愿意投入身心去打造的最重要的关系？你应该知道你的客户是谁。对你个人而言，这意味着你必须清楚地确定你愿意花时间和谁在一起。你愿意和什么样的人进行互动？他们能影响你的价值观和利益吗？他们能够给你带来能量，给你的生活增添快乐吗？

第三，什么能创造客户价值？在个人层面，这意味着你必须清楚什么对你的朋友、家庭和同事是重要的？他们最大的愿望和目标是什么？以及他们是如何珍惜你们之间的关系的？

美国著名女作家玛雅·安杰洛（Maya Angelou）曾经说过："人们会忘记你跟他们说过什么，却永远不会忘记你对他们做过什么，也不会忘记你的所作所为带给他们的感受。"

第四，你期望得到的结果是什么？ 你周围的人是否清楚你的期望是什么？如果你有孩子的话，他们知道你对他们的期望是什么吗？你的爱人知道吗？你的老板知道吗？你的员工或同事呢？同样，你知道他们对你的期望值吗？你是否问过他们，他们需要的是什么？

第五，你的计划是什么？ 这个问题既适用于个人，也适用于组织。你已经很明晰自己的愿景了，你知道自己代表着什么，你也很清楚你愿意投入精力去交往的人是谁，并深入地了解了每一个人的价值观和对他们而言最重要的事是什么。同时，他们也知道你们彼此对对方的期望值。

此时你需要做的最后一步就是明确你的计划——短期、中期和长期的行动计划，这将指引你到达你想要到达的地方。如果没有计划的话，你只能漫无目的地乱撞，或者哪儿也到不了。

如今你已经拥有了彼得·德鲁克最重要的问题了，曾有一位作家称之为最重要的试金石。你要用这些问题去指导和推动自己。经常问问这些问题吧。

请记住海伦·凯勒曾经说过的一句话："生活就是一次大胆的冒险。"现在就开始陈述你自己的愿景吧。

挑战自己，直面自己的内心，问一问自己和其他人彼得·德鲁克关于愿景、关系、价值、期望和计划的五大问题吧。

| 提问的心得 |

关于如何在生活中应用彼得·德鲁克的五大问题的建议：

1. 你的愿景是什么？

2. 什么是你愿意投入身心去打造的最重要的关系？

3. 你身边最亲近的人最大的愿望和目标是什么？

4. 你对你身边的人的期望是什么？他们对你的期望又是什么？

5. 你的计划是什么？

伟大的管理思想家彼得·德鲁克曾经通过问客户这五大问题，帮助他们将注意力集中在了公司的愿景、客户、价值、结果和计划上。这些客户中既有大型企业，也有像美国红十字会（American Red Cross）和女童军（Girl Scouts）这样的非营利组织。在他的提问中，德鲁克或许会让那些最自信的 CEO 们都感到战栗。

现在，请将这些问题带到你自己的生活当中，用它们去挑战一下自己。由里及外地去彻彻底底地挑战一下自己。就像潜入水中，去看看河面下到底有什么一样，去探究一下那些隐藏于你生活表面下的真实东西到底是什么。你希望有意外的收获呢，还是愿意有明确的有计划的选择？

当你去指导或督导他人时，你可以应用这些问题。你可以根据不同的情景使用其中的任何一个问题。如果有人正在努力搭建重要的关系，你可以这样问："你知道他目前最大的愿望和目标是什么吗？"如果某人正处在领导的岗位上——无论是作为专家还是家长，你可以这样问："他们知道你对他们的期望是什么吗？你对此很明确吗？"

12

客户的利益与价值息息相关才是永恒的重点

当一个人的目光开始游离，且没有任何问题时，就是时候该做点什么了。你遇到麻烦了。

我正在和一家大型专业服务类公司的共同主席凯瑟琳开会。这次会议早在几周前就定下来了。会议议程是共同回顾一下我为他们公司所做的咨询项目的进展情况。我提前做了充足细致的准备，并给凯瑟琳带去了简要的文件。文件清晰精炼地概述了项目的进展情况，足以给人留下深刻的印象。

我们的讨论大约进行了 20 多分钟，我就发现凯瑟琳心不在焉，整个人坐立不安，根本不在状态。她没有问任何精彩的跟进性问题，更糟糕的是，她的眼睛开始盯着黑莓手机看了。

你一定能想象得到当时的情景有多令人沮丧。有人试图表现出一副专心听你讲的样子，却低下头偷偷看他们手中的智能手机。凯瑟琳的心不知道跑到哪里去了。

我暂停下来。和这位繁忙的高管坐在一起，时间仿佛凝固了。"凯瑟琳，"我问道，"今天早上我们讨论的重点是什么？"她突然坐直了，警觉了起来。我在等待她的回答。

"嗯，好的，"她开始慢条斯理地回答道，"你的汇报很有帮助，我觉得你的概述和建议很有价值。做得很好！"

"谢谢你的肯定！但接下来我们应该集中讨论什么？"

凯瑟琳抬头看着我，皱着眉摇了摇头，叹息道："我想我的团队还没有准备好，他们无法跟上进度。"

"请再说详细一点，当你告诉我'他们还没有准备好'时，你预见到了什么吗？什么事无法继续下去了？"

我们转移了话题，接下来的半个小时我们都在谈论有关她的团队的事。我问了许多有力的问题，凯瑟琳更进一步说明了目前的形势。我提出了一些初步措施，以便让她的团队更好地配合项目的战略目标。我们把剩余的有关项目进展的讨论挪到了下一次。我之前为这次会议精心准备的文件看来是派不上用场了。也许，它已经达到了应有的效果。

在我起身准备离开的时候，凯瑟琳问我："我们能在下周就此问题再碰一下面吗？你刚才问了许多很专业的精彩问题，你的建议也很棒。我想和你一起好好深入探讨一下。"

———————·———————

我们不妨按一下快进键。根据我们六个月前那次会谈的初衷，凯瑟琳正在为她的团队管理带来一场深刻的变革。同时，她也邀请我与他们开展一对一的工作，以提高他们的工作效率。

正是我问凯瑟琳的这个简单而直接的问题"我们今天应该讨论的重点是什么"，帮她回到了改进组织的道路上来，也加深了我和她之间的关系。当你把时间花在对双方都真正重要的事情上时，你们之间的关系自然就得到了升华和发展；这也能增强你们情感上的共鸣，让你们之间的关系更加紧密和牢靠。

多年前向我咨询过的一位 CEO 曾说了一些让我终生难忘的话，道出了相互关联的关键所在。他说："当你为客户的成长和利益着想时，他们将永远对你充满兴趣；如果你只被他们当作成本管理时，那他们随时都会裁掉你。"因此，你必须和他人最基本的愿望和目标息息相关，这样你才能成为他们成长和利益的一部分，才能被他们视为投资而非成本。

> 当别人心烦意乱或走神的时候，或当你意识到你没有谈到他们最关心的事情时，你一定要问："我们今天应该讨论的重点是什么？"

| 提问的心得 |

我们今天应该讨论的重点是什么

如果你所谈论的事情不能与谈话对象最关心的诉求相吻合的话，那么他们将会表现得心不在焉。如果你能将谈话的焦点放在对对方最重要的事情上，那对提高你们关系的密切性和影响力将具有意想不到的作用。

什么时候问最合适

- 在和客户或老板讨论进展情况的会议上。
- 在做销售定位时。
- 当你和爱人或关系密切的人在一起时。

你还可以这样问

- 你今天想谈点什么？
- 你在想什么？
- 只剩 20 分钟了，还有什么是我们今天应该讨论却被漏掉的？
- 有什么事是我们应该强调却没有强调的？

接下来这样问

- 你能就那件事再多说一点吗？
- 那件事背后的情况是怎样的？
- 为什么现在这对你很重要？

销售成功的秘诀是什么？是去说服一位潜在的买家与你合作吗？只有当买家的需求被清晰地识别，才有可能产生真正的买家，并建立起值得信赖的关系来，价值也才能被真正体现。世上最成功的销售人员会通过问最伟大的问题去创造这些条件。

他们是不会通过故弄玄虚的PPT演示来与潜在客户建立起信任关系的。相反，他们会通过向客户问一些具有思想深度和能体现见识的问题，来体现他们丰富的学识和经验。他们通过问问题来发现潜在的需求，并识别是否有问题存在或有他们能抓住的机遇。最好的销售人员也是通过利用这些问题来建立情感联系的。去了解其他人并向他们表达自己的关怀吧。

当你第一次遇到某个人时，无论你是在销售产品、服务还是创意，强有力的问题将能够让你快速赢得尊重，这就是建立信任关系的第一步。

让初次会面变得更有效

1. 从你的角度来看，什么样的方式能让我们一起度过的这段时光更有意义？
2. 什么能够更好地帮助你了解我们公司？
3. 在我们的会谈中，什么能提升你的兴趣？
4. 在与你的同行业的客户交谈中，他们所面临的一些特殊问题给我留下了深刻的印象，例如……（举一些例子）。你对这些问题能产生怎样的共鸣？
5. 在面对……（如客户所在行业最近面临的一项重要发展或客户公司某项重要职能进行重要调整）时，贵公司是如何做出反应的?

6．你们是如何处理……（如新的竞争者、低成本进口、一项新的规章制度等）的?

7．有没有值得你钦佩的竞争对手?

8．你能告诉我今年你最优先考虑的事情是什么吗?

9．在今后几年内，对于你公司的发展而言，什么才是最具价值的机会?

10．当你提到……（如"风险规避""功能失调""挑战"等）时，你的确切意思是什么?

11．你认为谁是你最有价值的客户?

12．你最好的客户选择和你做生意的主要理由是什么?

13．为什么你的客户会选择和你共进退?

14．为什么你的客户会离开你?

15．当你的客户抱怨时，他们往往会抱怨什么?

16．在过去的五年里，你的客户期望值发生了哪些变化?

17．你面对自己的客户时遇到的最大挑战是什么?

18．这一特别计划背后的驱动力是什么（是什么驱动着成本的降低和一个新组织的设计的? 等等）?

19．你心目中的更好应该是什么样子（如风险管理、组织有效性等）?

20．是什么促使你决定寻求外部支持的?

21．关于内部问题及其可能的解决方案,有多少取得了统一意见?

22．从你的角度来看，在我们今天所讨论的事项中，哪一项对会后的进一步跟进最有帮助?

挖掘客户需求

23．你认为这将会给你带来多大的成本?

24．你认为什么样的问题值得去解决?

25．这将如何影响你生意的其他方面（如销售、成本、生产率、商业道德等）？

26．你是如何知道……（如离职率较高、生产率较低，风险没有得到很好的控制等）的。

27．在你的组织中，谁真正存在这个问题？

28．如果能找到一个有效的解决方案，它将对你自己的工作产生怎样的影响？

29．为什么现在这对你很重要？

30．这是你最优先考虑的三件或四件事中的一件吗？

31．你个人对这件事投入了多少时间？

32．你能就此给我举个例子吗？

33．如果你当初不抓住这个……（如问题或机会等），你的生意将受到怎样的影响？

34．你已经尝试了怎样的解决方案？它们是如何成功解决了问题的？

35．对于这一变革存在着什么样的组织阻力？

36．还有什么问题是我没有问到而你认为与你了解这件事相关的吗？

了解客户的愿望和目标

37．贵公司未来的增长将来自哪一方面？

38．你如何看待公司如今的战略即将发生改变？如何看待趋势发生的改变？

39．为什么你能如此成功？这些成功的因素在未来将发生怎样的改变呢？

40．可以说你已经取得了里程碑式的巨大成功，并且功勋卓著。为了让未来的事业更加辉煌，从现在开始你将向什么方向发展呢？

41．你们公司目前的增长有多少来自现有客户和新客户？它们各自的占比如何？你是否考虑过这背后的原因？

42．如果你有额外的资源，你想把它们投资到哪一个领域？

43．有什么是你不需要再强调的或停止做的？

44．如果你不怕被拒绝的话，你还有什么要求？

45．你为什么说你优先考虑的事会随着时间而变化？

46．到年底的时候，贵公司将如何考核你个人的业绩？

47．为了适应公司未来发展战略的要求，贵公司需要特别加强在
组织或运营层面的能力吗？

48．贵公司未来在人员规模和素质方面的战略规划将会有哪些相
应的需求？

49．当你在展望公司的商业前景时，什么最能让你感到兴奋？

50．当你在展望公司的商业前景时，什么是最让你担忧的？

51．你已经在自己的职业生涯中很成功了。你还有什么梦想需要
去实现？

52．你的梦想是什么？

讨论项目方案

53．我们的演示计划涉及全部内容。在我们的演示中，哪一部分
是你认为最有价值的，并需要我们重点强调和多花时间的？

54．你是否可以用自己的话重述一下，你希望从这个项目的成功
执行中获得什么？

55．根据我们在方案中所罗列的内容，以及你认为对你最有价值
的部分，你能否告诉我们哪一部分是你希望增加的，而哪一
部分又是你希望删减的？

56．在我们所列出的方法中，你最中意哪一个？

57．哪一方面是你所关注的？

58．用什么样的方式才能达成你正在努力实现的愿望？

59．在考虑这个项目的合伙人人选时，什么对你最重要？

60．我能问一下你还和其他什么人在讨论这个项目吗？

61．你能够完整地跟我讲一下整个决策的过程吗？

62. 谁才是这个项目合作人选的最后决策者？

63. 这个项目的资金支持是如何决定的？

64. 如果两位方案提供者无论在技术能力、经验还是价格方面的实力都旗鼓相当，你将如何做出决策？

65. 我感觉你在这个项目上还有一些犹豫，你是否能帮我解开这犹豫背后的真正原因呢？

66. 在最后定下这个项目的方案前，我们是否还应该和谁进一步的讨论一下或听取他的意见呢？

评估一项新议案或新创意

67. 你为什么要做这件事？

68. 你的愿景是什么？

69. 这件事对于你的重要性是什么？

70. 你最重要的目标是什么？

71. 你特别希望达成什么目标？

72. 结果看起来会是什么样的？

73. 你所寻求的结果是什么？

74. 成功看上去会是什么样子的？

75. 这将对……（客户、员工、供应商、支持部门的员工或其他人）产生怎样的影响？

76. 你认为这将带来什么样的改变？

77. 你认为这会产生什么负面结果吗？

78. 这如何限制了你采取其他方法或在其他方面行动的能力？

79. 你最重要的假设是什么？

80. 你关于……（任何能影响决策变化）的假设是什么？

81. 你如何来证明这些假设？

82. 如果你主要的假设是错误的，将会怎么样呢？

83. 你的计划是什么？

84. 你将如何达成这个目标？

85. 完成这项工作，你需要什么帮助或资源上的支持吗？

86．你计划什么时候开始？

87．是什么因素制约着你的时间？

88．优势是不是很快就能显现出来了？还是以后才能显现？劣势呢？

89．谁能决定或影响时间进度呢？

90．什么可能会出错？

91．等待或什么都不做的风险是什么？

92．为了取得成功，必须去做好的两到三件最重要的事是什么？

93．什么样的风险是你能控制的？而什么样的风险是你不能控制的？

94．你还考虑过什么？

95．如果没有任何因素的制约，你会做什么？

96．这与其他选择相比有什么变化？

97．下一个最好的改变是什么？有什么能让它成为最好的改变呢？

98．这是否与你的愿景一致？

99．这是否与你的信仰和价值观一致？

100．这是否与你在公开场合所说的一致？

101．这是否与公司在继续做的其他事一致？

提高你的会议效率

102．这次会议的目的是什么？

103．我们希望通过这次会议达成什么目标？

104．还有谁会参会或谁必须来参会？

105．这次会议需要持续多长时间？为什么？

106．我们能在 30 分钟内开完吗（相对于一个小时来说）？

107．有什么措施可取代这次会议吗？

108．我们需要做出什么样的决策？

109．我们了解的信息足够让我们做出决策了吗？

110．我们已经做出什么样的决策了？

111．我们对这次会议的进展感觉如何？

112. 这能节省我们的时间吗？

113. 我们能实现我们希望实现的吗？

114. 不妨回想一下，我们真的有必要开这次会议吗？

在见客户之前需要问自己的问题

115. 在这次会谈中，我们是否彻底讨论了客户的需求和期望值？

116. 如果有实质性的信息或推荐需要被演示，我们是否提前和目标客户一起预览过这些内容了呢？

117. 双方最适合的参会人员是否都悉数到会了？我清楚他们是谁以及他们一共有多少人吗？

118. 如果我方有一人以上的人参会，我们是否事先讨论和明确了各自的分工和角色？

119. 我希望获得通过的最佳方案或创意是什么？我能否用一分钟的时间或更短的时间来概述它们？

120. 在演示我们的创意时是否还有别的更好的选择？我们能否用书写挂纸板代替PPT演示？我们是否可以插入一些生动的故事来帮助阐述我们的观点？

121. 有什么……（如会前预读）是我可以提前给他们的，以便会议更富有成效？

122. 现在在这个人的生活中将会发生什么？他们所感受到的压力将来自哪个方面（工作、家庭等）？

123. 他们会对我说的话做出什么反应？

124. 议程是否充分考虑了灵活性，以保证能有一个充满活力和互动的讨论，或者能够随时继续讨论客户想要讨论的其他事项？

125. 在会议开始之前我们需要准备的额外资料是什么（关于即将与会的个人、其他重要数据等）？

126. 我应该为此次会议提前准备好的三四个发人深省的问题是什么？

127. 我觉得会后需要跟进的事情将会是什么？

我收集整理的好问题

POWER

QUESTIONS

Build Relationships, Win
New Business, and Influence Others

第二篇
人际交往篇

13
每个人都渴望被聆听

"四个字就足够！这就是我想要的全部。这该死的四个字！"我现在正坐在乔治的办公室里。他正在怒气冲冲地来回踱步。我看到他脚下的地毯上留下了一条清晰的印迹。

乔治是东南部一所重点大学的副校长。在我的这本书中，他是我所接触的大学官员中职位最高的一位。

"请平静一下，"我安慰道，"别太生气了，先坐下吧。"我接着问道："这四个字的意思是什么？对你意味着什么？"

故事就这样开始了。我在此之前已经从乔治那里大致听说了一些关于他们校长的事。现在他刚开完学校的一个高层会议。一切都没有取得实质性的进展。

"我们接下来还要和校长开一个愚蠢的会议。他花了整整 3 个小时的时间就是为了告诉我们他是怎么想的，他想怎么做以及他优先考虑的是什么，还有就是他对学校在其领导下的感想如何等。"乔治继续说着他们校长那谁也无法说服的喋喋不休的固执。我在想，如果说有人听不进别人的话，在倾听方面有障碍的话，那一定是他们校长。

"如果他能在中途停下来一次，哪怕只是一次，"乔治继续说道，"问一问我们是如何想的，就足矣！我想让他说：'你怎么想？'就只有四个字而已。"

乔治是对的。"你怎么想"这四个字是多么地有力！如果你正在征求一项意见，那么对方想让你做的就是去倾听。你或许听说过一个人说得太多，却从未听说过一个人听得太多了。

有一天晚上，梭罗在他的日志中写道："今天我得到的最大恭维就是有人问我，我怎么想的，并真诚地聆听了我的答案。"

你第一次穿上溜冰鞋时的样子绝对是滑稽可笑的。同样，所谓的聆听的艺术也是靠不住的。乔治所说的那四个字的确是一个完美的开始。你要问："你对此是如何想的？"或者"你对此有何感受？"这样的提问清单可以不断延伸。这些问题就是我们所谓的开放式问题。它们不能用简单的"是"或"不是"来作答，而需要一个更清楚的解释。

接下来你需要去倾听，而且要专注地去倾听，甚至虔诚地倾听。这似乎有些违反直觉，但提问并聆听能够使你很好地控制谈话的主动权。因为你所提的问题是要求有答案的，所以，你完全处在有利的位置上。好的聆听者能够迅速从答案中捕捉到一两个关键点。

有一天我意识到了这一点。我在我以前的文件档案中偶然看到了一幅关于富兰克林·D.罗斯福的漫画，画面中他拄着拐杖，身子前倾，正在认真地听两个看上去无家可归的人对他说话，这两个人显然是拦住了他的去路，并跟他说话的。我不记得自己是在哪里见过这幅画，但它的确是无价之宝。画中的一名男子非常瘦小，而且看上去一副好斗的样子。他双手插在兜里，整个右半身则紧贴着罗斯福。另一名男子看上去身形高大，且年长些。他身穿一件过时的、破烂不堪的外套，一副胡子拉碴的样子。

罗斯福平时戴的灰色软呢帽像往常一样稍微有点歪。他身子前倾，很显然是在问他们的想法。他非常专心地听着他们说出的每一个字。漫画下方写道："他知道如何来问我们的感受。"

"你怎么想"是四个有力的、让人无法拒绝的字。我们所知道的就是将被聆听转化为最有力的、人类天性中一种与生俱来的激励的力量。每个人都渴望被聆听！

只要留心观察，你就能很清楚地看到人们最在意那个倾听自己说话的人，同样也渴望被倾听。他们希望得到认可和赏识，他们想让别人来倾听自己的心声。没有什么能够比"你怎么想"这四个字更有力的了。

乔治的事情最后也有了一个圆满的结局。他们学校的校长离开了学校参加竞选，成了一名州政府官员。而乔治也成功地当选为校长。哦，还有一件事，你不用费劲地去猜。这的确是一个真实的故事，我只是换了人名。

像一位伟大的聆听者一样去建立你的声誉。抛开其他杂念，只管通过提问"你怎么想"去表示你对他人的关注吧。

| 提问的心得 |

你怎么想

"比起满足他的要求，大多数人更愿意你去聆听他的故事。"英国切斯特菲尔德的第四位伯爵菲利普·斯坦霍普（Philip Stanhope）写道。通过"你怎么想"这样超级有力的问题，可以让你身边的人感受到你非常乐意倾听他们的心声。你将开启沟通的大门，成为吸收信息的海绵。

接下来就是倾听，积极地去倾听，专注地去倾听，默默地去倾听，用你的眼睛去倾听！倾听！

当你提问时，也许你并不喜欢自己所听到的答案，那才是你所面临的风险。此时只需记住，一粒事态发展的种子已经植根于一个不快乐的人心中，这就跟鞋子里的一粒小石子会引起你的注意是一样的道理。

什么时候问最合适

- 当你们在讨论一项面临的困难或未来行动方案时。
- 当你分享了自己的观点或展示完自己的方案时。
- 当有人带着问题来找你时。

你还可以这样问

- 我非常珍视你的意见。我能否知道你对这件事的看法?
- 你是否愿意分享一下你的观点?

接下来这样问

- 当你思考这件事时,什么对你的影响最大?
- 还有其他任何我没有意识到的建议吗?

14
以最直接的问题洞悉对方最真实的欲望

"这真的很难，"罗杰向我解释道，"我不能确定如何处理它。"

"很难吗？怎么个难法？"我问道，"我从来没见过你被强迫着去见某个人。我简直想象不出你不知所措的样子来。"

我希望听他说出更多的事。罗杰是我见过的最自信、最具智慧且十分精明的咨询师。他可不是一位普通的咨询师。作为哈佛商学院获得贝克奖学金（Baker Scholarship）的毕业生，罗杰为一家世界顶级的咨询公司服务了 15 年。之后，他离开这家咨询公司，成了一家世界 100 强企业下属的一个大部门的CEO。在这家世界级公司历练了 5 年的领导技能之后，他现在又重新返回自己的咨询公司，成了一名高级合伙人。

罗杰集少有的关系经营能力和严谨的分析能力于一身。当他和客户一起工作时，他不会像某些咨询师所炫耀的那样，在客户面前表现出"毋庸置疑肯定是什么出了错"的那份自信。相反，他更愿意站在客户的角度去理解客户，并表达自己的同理心，而这一切全都源自他30年来所积累的丰富的工作经验。

"请跟我说说你的难处吧。到底发生了什么？"我问他。罗杰坐回去，喝了口咖啡。我坐在椅子里，往前靠了靠，手中拿着笔和本。

"有一家公司要求我们做一个发展战略的项目。这是一个利润很可观的项目。我们为此已经花了三个月的时间和精力了。我将会和他们公司的 CEO 开一个座谈会。我之前见过他几次，但都只是短暂的讨论。这一次我们将进行一对一的面对面交流。我有足够的时间准备这次会谈。"

"这听起来是一个很不错的开始呀！请继续讲下去吧！"

"你知道这个人是谁吗？他可是一位令人畏惧的人物。他有两米多高，有着一双迷人的、知更鸟蛋般的蓝眼睛。他还有着大百科式的记忆力。他从来不会忘记任何一次对话的细节或他所读过的任何东西。我从未见过哪个公司的 CEO 能像他一样将公司的运营完全掌控在自己手中。"

> 我在想，幸亏是罗杰而不是我去和他打交道。这就像罗伯特·E. 李将军（General Robert E. Lee）和菲尔德·马歇尔·伯纳德·蒙哥马利（Bernard Montgomery）元帅在一起讨论战争策略一样。

"他是在孤儿院长大的,拥有超人的智慧,并遵从严格的职业行为准则。他曾在一所常青藤院校上学并以最优异的成绩毕业。他凭借着自己的工作方法从一家制造厂最底层的工作做起,一直做到了董事会主席和 CEO 的位置。如今,他还有几年就退休了。"

"问题是⋯⋯我正在绞尽脑汁想出一些能够吸引他的措辞。我该用什么样的睿智陈述或具有深刻见地的信息去向他证明,我是他的公司最值得聘请的顾问呢?"

"想了一整天之后,我才意识到从我们的战略分析中我什么也告诉不了他,这是多么令人沮丧的一件事呀!我们正在努力做着这个项目,并有着众多的有趣发现,但我依然对我们之间即将开始的会谈没有底气。"

"我决定问他一个能引起他兴趣的问题,但愿我问他的问题将不会显得不自然,或最好是他还没有从其他 10 个人那里听到过?"

"因此,你都做了哪些准备?"我问他。

"有时候最好的问题往往是最简单、最直接的,并能帮助你与他人建立起私交。因此,在对项目做完简短的陈述以及闲聊完之后,我深深地吸了口气,对他说道:'威廉姆,我想问你一些问题。'"

"当然可以,请讲。"他答道。

"你拥有辉煌的职业生涯，从制造厂的最底层做起到如今已经取得了如此多的成就。我想你所获得的那些当之无愧的奖章和嘉奖估计都数不过来了。"

"他笑了笑，我想我是说到他心坎上了。他点了点头表示谢意。"

"如果设想一下未来，你还有什么事情想要去完成吗？你是否还有什么梦想要去实现？"

"他停顿了片刻，然后直视着我，他的眼睛仿佛能够看穿我，整个人也仿佛沉浸在思考中。过了几秒钟后，他慢条斯理地答道：'你知道，罗杰，这么多年以来，我一直和我的董事会成员紧密合作，并和许多投资银行和咨询师一起共事，和无数的大型基金会打交道。我也曾遇见过很多睿智的成功人士，但没有一个人像这样问过我的。没有任何人问过我这个问题，没有！'"谈话还在继续。"'是的，在我的脑海中的确有一些想法……'他开始述说了起来。"

"原本我们的会议应该在中午结束的，却又往后延迟了半个小时——这对他那紧张的日程表来说已经足够长了。更重要的是，我们之间的关系在这一天变得更加紧密了，而且在我问完这个问题后，得到了实质性的进展。"

我迫切地想听到罗杰的客户究竟都告诉了他些什么，但这还需要耐心地往下听。

"从 CEO 的位置上退下来后他真正想做的事情十分令人着迷。"罗杰继续说着，"但这还不是核心思想。核心则在于这个问题本身——在恰当的时间问正确的问题。'你还有什么想要去完成的事情吗？'这个问题与他们的梦想有关。"

你应该尽可能地赞美你的客户、同事或朋友所取得的成就，但绝不要仅仅停留在那里，一定要试着去发掘他们内心深处最真实的渴望。你不妨这样问："你还有什么想要去完成的事情吗？你是否还有什么梦想要去实现？"

| 提问的心得 |

你还有什么想要去完成的事情吗

每个人都有未曾实现的渴望或梦想，不管他处于事业或生活的哪一个阶段。但很少有人会被别人邀请来分享自己的梦想。

对于任何人而言，完成一次关于计划、报告和推荐的会谈都轻而易举。请不妨通过问这个问题来深入对方内心，营造一个非凡的时刻。

什么时候问最合适

- 当你和其他人见过很多次，想要使你们之间的关系深入发展的时候。
- 在别人事业发展的任何阶段。
- 当你的领导再过几年就要卸任的时候。

你还可以这样问

- 你是否还有什么梦想要去实现？

- 你下一步是如何打算的?
- 在那之后,什么样的挑战能让你感到兴奋?
- 在你的职业生涯中,什么才是你最重要的梦想?

接下来这样问

- 那件事的时机应该怎么把握?
- 你觉得用不一样的方法能让你得到发展吗?
- 如果你沿着那个方向一直走下去,你下一步将采取什么样的行动?

15
追根溯源的问题往往最有力

"杰不得不向别人借钱！而我自己却连一个子儿都拿不出来投资！"

我和理查·狄维士（Rich DeVos）正坐在位于密歇根州大急流城的一家豪华餐厅——1913餐厅一起共进午餐。这家餐厅能与纽约的任何餐厅相媲美。理查正津津有味地嚼着碗中他最喜欢的辣椒。

我们正在享受着无与伦比的服务，对此我一点儿也没有感到受宠若惊。理查就是这家餐厅的老板。事实上，他不仅拥有这家餐厅，还拥有这家餐厅所在的酒店，同时他还是马路对面大急流城的万豪酒店（Marriott）的业主，该酒店离市中心仅几个街区远。

他是我遇到的最成功的精英之一。他为人谦逊，慷慨大方。他不仅是一位热情的爱国者，还是一位激励型的演讲家，能够让他的听众激动得站立起来为他鼓掌喝彩。另外，他还是一位富有灵感的人，他的一生可以说充满了创造性，也收获了无数赞扬。哦，还有一件更重要的事，就是他上了《福布斯》杂志富豪排行榜，个人净资产高达数十亿美元。请注意，那可是数十亿美元呢！

理查和他高中时期的好友兼战友杰·温安洛（Jay Van Andel）一起创立了安利集团。这是一对神秘的搭档。即使在都退休了以后，他们每天都还要联系一下彼此。如今，安利集团已经是一家市值 200 亿美元的公司，在 80 个国家拥有 300 万家安利的经销商。

理查的演讲总是那么鼓舞人心，我曾亲耳聆听过他那长达 30 分钟、富有激情的演讲。当时在现场听完他的演讲，我就有想成为安利公司代表的冲动。让理查最引以为豪的事就是，他让成百上千人成了百万富翁。

"理查，"我对他说道，"你亲手缔造的这一切本身就是一个传奇故事！请告诉我，你当初是如何开始的？"

"从开始处开始，"就像在《爱丽丝漫游仙境》中，红心国王曾对爱丽丝说过的，"然后坚持下去直到最后。"

接下来理查讲了自己的传奇经历，听来犹如神话故事，但又的的确确是真的。

———————

"我和杰都没时间完成大学学业。我们都渴望成为一名企业家。尽管在那个时候，我并不能确定我们是否清楚'企业家'这个词意味着什么。"

"我们从部队退役之后，决定一起创业。我们都确信这就是我们的美国梦。我们从飞机特许经营业务开始创业，但失败了。于是我们就想接下来该做点什么。"

> 有人曾提醒过我要从经验和能给你带来经验的
> 错误中学习。英国前首相温斯顿·丘吉尔曾经说过，
> 成功就是在一次又一次的失败之后，你依然热情
> 不减。

"就在飞机特许经营业务失败之后，杰听说了纽崔莱这种东西。那是一种食品强化剂。我们在做了些许调研之后，觉得可以成为其直销商。于是我们购买了一个样品箱和一些样品，花掉了 50 美元。但那时我连一个子儿都拿不出来投资，于是杰从别人那里借了 50 美元，就这样开始了我们的生意。"

"还好，经过了几年的时间，我们的生意开始茁壮成长了，我和杰最终发展了 5000 家纽崔莱直销商为我们工作。于是我们开始想拓展产品线。1959 年，我们成立了美国方式协会（American Way Association），最终更名为安利。没有谁能像我们一样。"

　　理查继续向我讲述着安利公司的发展史。它已然不仅仅是一家直销公司，它代表着一种生活方式。它象征着一个人无论出身背景如何，只要有激情、努力工作就都能获得成功。

————————

　　理查和我的这顿午餐花了将近三个小时，但这让我了解了他的公司是如何开始创业的真实故事。我发现正是我问理查的第一个问题"你当初是如何开始的"为我开启了一段神秘的奇妙旅程。

　　我也曾问过玫凯琳化妆品公司的创始人玫凯琳女士同样的问题"你当初是如何开始的"，她的回答是，作为一位单身母亲，她需要快速找到一个可行的方法来抚育她的宝宝。而作为美国达乐公司创始人的小卡尔·特纳爵士（Cal Turner, Jr.）的第一次创业则是从卖女士灯笼裤开始的。像这样的创业故事多得不计其数。

　　"你是如何开始的"这个问题是一个最鼓舞人心的、最有力的问题，或许也是许多成功人士无法拒绝的问题。无论你遇到谁，请试着用这个方式提问。这也是一个适合问朋友、同事或陌生人的问题。由此而浮出水面的故事一定会让人无比惊喜和激动。

　　跟随着红心国王的至理名言："从开始处开始。""你当初是如何开始的"这个问题将带领你步入一条奇妙的大路，那里有你与他人交流以及信息的黄金等着你去挖掘。

通过问对方"你当初是如何开始的"这样的问题，能让你与他人建立起友好的关系，并引导对方说出自己的故事，从而学到你意想不到的东西。

| 提问的心得 |

你当初是如何开始的

在所有你可能问及的问题中，这个问题最大的益处就是能够给你和对方带来愉悦、激情和令人备受鼓舞的体验。"你当初是如何开始的"这个问题将会带来一系列绚丽辉煌的故事。每一个故事都是那么珍贵，并充满愉悦感（有时也会充满辛酸的回忆）。当然，有时也会伴随着一些发自内心的愉悦的笑声。

在问这个问题的时候，你会发现故事的主人公无论男女都会怀着一颗嬉戏的好奇心去生活。他们愿意为之承担风险，也愿意赌上一把。他们并不惧怕跌倒，因为他们知道胜利的果实在哪里。

当你问别人："你当初是如何开始的？"其实也是在帮助对方发现自我不平凡的一面。每一位朋友、同事甚至陌生人都会有一段让他们觉得弥足珍贵的故事：他们是如何选择自己的职业的？他们是如何遇上自己的另一半的？在去洛杉矶途中的一次偶遇是如何成就他们的一段美好缘分的？当他们愿意将这些故事拿出来与你分享时，也是你们之间友好关系建立的开始。

什么时候问最合适

- 任何时候，当你邀请他人与你分享他们当初是如何开始他们的事业或人生中的某段经历时。

你还可以这样问

- 当对方是一对夫妇时，你可以这样问："你们俩是如何开始你们的爱情故事并终成眷属的？"
- 当对方是一位艺术家或音乐家时，你可以这样问："谁是你的恩师？你是如何开始学习这门艺术的？"
- 对于任何人，你都可以这样问："你在哪里长大的？你又是如何最终做到的？"

接下来这样问

- 那时候你是如何决定那么做的？
- 你觉得最难学的课程是什么？
- 如果那时候失败了，你会如何想？

16
从头开始或许就是峰回路转之时

"你不仅是在抽烟，你简直就是在吞噬它。"他表情严肃地说道。

我和艾伦·法沃特（Allan Favort）正在讨论给他母校的礼物。我不但知道了他告诉我的一切以及他过去送给母校的礼物，而且还知道他对母校有着真挚的感情。我也知道他有足够的财力为母校送上一件价值不菲的礼物。当然，艾伦也非常清楚我对他的了解。正因为我非常清楚艾伦对其母校的奉献，所以我不想浪费太多的时间在我和他之间的讨论上。我非常欣赏他为母校所做的一切。

"艾伦，我知道你非常热爱你的母校。我建议你捐 100 万美元给你毕业的工程学院作为礼物。我很清楚你为你们学院所做的一切，而且你每年送给母校的礼物都给了你毕业的学院。"

他当场打断了我的话。仿佛他那只像棒球帽一样的大手扇在了我的脸上。"难道你来这里就仅仅是为了像这样告诉我让我捐 100 万美元吗？你凭什么就肯定我对工程学院感兴趣？"

记得切罗基印第安人（The Cherokee Indians）在出征前总说的一句话是："这是一个适合去死的好天气！"这句话非常符合我当时的感受。实际上，我感觉就像战争已经结束了，而我自己则奄奄一息地躺在担架上。

"艾伦，我真的无法相信我的确像你所说的那样。"（我在想什么？我知道我应该花些时间去缓和一下我们之间的尴尬气氛，然后能够明察秋毫地去发现找到改善尴尬局面的切入点。）"我很抱歉，艾伦。我以为我很了解你，看来我太过自信了。我对我的欠缺考虑向你道歉。请原谅我！"

我提起我的箱子，拿上大衣转身离开了。我甚至都没跟他说再见，而只是关门离开了。大约 20 秒后，我又重新回去敲那扇门并推开它。"艾伦，我能进来跟你聊几分钟吗？我有一些想法想跟你交流一下？是关于大学的。我认为你听了后一定会非常兴奋的！"我补充道，"另外，你是否介意我们从头开始？"艾伦笑着点了点头，什么也没说。

于是我开始做我在最初就应该做的事。我边和他聊天，边观察他并开始向他提问。大部分时间，我鼓励艾伦多说。我小心翼翼地去发现问题的关键点。很快我便听到了他的真实想法。经过一番巧妙的迂回，我终于明白了艾伦的兴趣完全不在为工程学院送一件礼物上，而是在母校的剧院项目上。

他告诉我："我相信除了我的妻子之外没有别人知道，我刚入校时学的是戏剧专业。我希望自己能成为一名演员。幸运的是，我转到了工程学院，这世界上从此少了一名不称职的演员。如果我想送母校一件礼物，请注意，我不是说我将要，如果那样的话，在你突然离开之前，我会乐意和你讨论更多你让我所捐的那个疯狂的钱数的。"

之后，我们又谈了许多。最后，他说道："你知道我们所谈论的剧院项目吗？（实际上，他一直在说这件事，我只是偶尔问一下）我想如果你能给我几年的时间，我有可能会给母校捐100万美元的。"我不由地吟颂起了《圣经》中的赞美诗。

重新开始或许会让你感到尴尬，但它的确是让你从冲突到重启对话的、扭转乾坤的大胆策略。它适用于你和职场中所遇到的某些人之间的对话，也适用于与家人之间的沟通。当你做错事情的时候，你可以这样问："你是否介意我们从头开始？"

| 提问的心得 |

你是否介意我们从头开始

小心！不要不假思索地就提出一个要求并提问，这就好比将一个不会游泳的人直接扔进深水区一样。他们不仅可能游不上来，还有可能把你拖下水。

人们总是乐意原谅别人，愿意与人冰释前嫌。因此，你可以这样问："你是否介意我们从头开始？"这将缓和你与对方的关系，让笑容重新回到他们的脸上。笑容就是重新开始的最好武器。

什么时候问最合适

- 当你们之间的对话开局就很糟糕时。
- 当你和朋友或家人发生徒劳的、伤及感情的争执时。

你还可以这样问

- 我错了。你是否介意我们从头开始？我之前有失公正。
- 我们能倒回去吗？我们应该谈点什么？

接下来这样问

- 谢谢！你是否介意我问你一个问题？
- 我之所以想从头开始是因为我之前说错话了。能让我再试一次吗？

17
用满足感开启更多的秘密

你见过谁抽玉米穗轴烟斗吗？我想你不一定见过。那你知道什么是玉米穗轴烟斗吗？我相信你也不一定知道。

哦，那好吧，告诉你，艾伦·G.哈森菲尔德（Alan G. Hassenfeld）抽玉米穗轴烟斗，当然，这不是因为他买不起更好的烟斗。当然，这种烟斗对艾伦来说也没有什么特殊的意义。接下来，你将了解到更多关于这位公司领导者、慈善家和旅行者的情况。

罗德岛的前任长官布鲁斯·桑多伦（Bruce Sundlun）有一天告诉我："艾伦是本州最有影响力的人，他也是我们最强劲的、最有效率的领导人。"他之所以这么说不仅仅是因为艾伦那时是该州最大企业的 CEO，当然，那也是其中一个原因。

"他还是一位激励家，"这位官员说道，"他领导组织并参与了许多有益于本州也有利于他的企业本身的活动。"

在41岁时，艾伦成了由他祖父创立的家族企业孩之宝公司（Hasbro）的CEO。这家企业生产玩具同时开发游戏。孩之宝公司在艾伦的领导下实现了跨越式的发展。现在公司每年的营业收入高达40亿美元（这大多来自玩具和游戏生意），并成为玩具市场的主宰者。《财富》杂志将其评选为美国最好的百家企业之一。

几年前，艾伦离开了孩之宝公司，只保留了董事会主席一职。该公司给我印象最深的是它的使命——"我们注定成功"，艾伦也的确做到了这一点。

我已经和他见过好几次面了，就在刚才，我们还在位于曼哈顿的哈佛俱乐部一起共进晚餐。我们谈了许多。

"艾伦，在你的任期内，孩之宝公司的营业收入实现了翻番，作为公司的CEO，你是如何应对那些棘手的问题的？"

"我有一个信条，"他告诉我，"那也是我的处世哲学——问题就像一个圆筒冰激凌，如果你不去舔食它，它就会变得一团糟。"（用我的话来说就是，赢者就像茶包，如果它们不浸泡在热水中，你永远无法看到他们的真实力量。）他接着跟我说了更多的至理名言，都是那么有趣而又寓意深刻。

"你的人生已经取得了巨大的成功，"我对艾伦称赞道，"你是全美公认的当之无愧的企业领导者，也是推动地方性和全美性尊重犹太社区运动的领导者。作为罗德岛最重要的代言人之一和拥有六个荣誉博士学位的博学者,人生当中是什么给予了你最大的满足?"

这是一个我在遇到艾伦之前从未问过的问题,即使是和艾伦同样优秀的人在一起,我都没有问过。我认为他在回答之前需要一些时间去思考,但情况并非如此。

"人生当中是什么给予了我最大的满足?这再清楚不过了,那就是孩之宝儿童医院(Hasbro Children's Hospital)。我的家人在这家医院上投了许多钱。当你看到我们帮助过的那些孩子时,当你和那些伟大的父母进行交流时,与其他事相比,它就是我生命中最值得做的事!你知道我最喜欢什么吗?就是在圣诞节的时候,带着礼物去看望医院里的每一个孩子。难道还有比这更重要的吗?还有什么能比这给我带来更多的快乐吗?"艾伦以一种轻松愉悦而又动情的语气说道。

这一问题还引导他告诉了我关于他赞助哈佛领导力项目的事以及对位于罗德岛史密斯菲尔德的布莱恩特大学(Bryant University)的赞助。另外,艾伦还为苏丹、海地、阿富汗、泰国和以色列等国的洁净水供应以及消除贫困计划提供过主要的资金支持。

———————

艾伦应该在命运眷顾之列。他似乎总能抓住命运的脉搏。他总是投入很多精力去鼓励他人实现自己的梦想,学更多的知识，为社会做出更多的贡献，并带来更多的改变。

在我简单提问之后，艾伦继续谈论他丰富的人生经历，此时的他可以说是魅力四射。接下来一些意想不到的奇迹发生了，这正是我所提问题带来的结果，他告诉了我一些不为人知的秘密。"我要告诉你一些事，"他说道，"但它目前还处在严格的保密期内，我们可能在几周之后会公布。现在只有几个人知道这件事，如今你也算一个。"接着他向我靠近了一些，并在我耳边悄悄地说，以保证没有任何人能听见我们之间的谈话。

我们正在筹集将近1亿美元的资金用于曼哈顿的一个项目。它或许能让这座城市甚至整个国家都免受雷电的袭击。它真是一个最令人激动的、也是这座城市最为迫切需要的项目了。你一定能想象出它给我带来的震撼！

或许你还能记起我当初问艾伦的那个问题："是什么给予了你人生当中最大的满足？"就是这样一个简单的问题，开启了我以前从不知道的关于艾伦人生的新篇章。

请试着问你的朋友、同事以及家人这个问题："人生当中是什么给予了你最大的满足？"然后坐下来静静地倾听他们的回答，你会发现你们之间交谈的闪光点和蕴藏其中的一些弥足珍贵的东西。

| 提问的心得 |

是什么给予了你人生当中最大的满足

满足感和满意或快乐的感觉完全不一样。满足感来自你的愿望和梦想的达成。它反映了一种圆满或完整的状态。那是一种令你感到非常满意的感觉。

当你问别人什么给予了他们最大的满足感时，就等于打开了一扇探寻他人内心深处最非同寻常的事情的大门。它能帮助你们彼此建立起一种强大的关系，一起享受一顿轻松愉快的晚餐，或一起度过一个难忘的夜晚。

什么时候问最合适

- 当你想在工作中与他人建立更多的私人关系时。
- 当你想更多地了解你的朋友和家人时。

你还可以这样问

- 在你的人生中，什么事最让人满意？
- 你最满足的……（如一段关系、一次体验、一个工作等）是什么？
- 在你的一生中什么样的经历对你影响最大？

接下来这样问

- 请再多说一点吧。是什么让你特别满足？
- 还有其他什么让你觉得特别满足的吗？

18

像关心自己的梦想一样关心他人的梦想

20 多年来，本·桑普森（Ben Sampson）一直坚持每周工作 60 个小时。他不断向公司更高的职位攀登。然而职位越高，所承担的责任也就越大。

本·桑普森这个名字可能你没听说过，但你一定认识许多像他这样的男士。他的妻子利兹（Liz）不得不放弃了自己的事业而专心抚育他们的两个孩子。她一直支撑着这个家庭渡过了许多难关，包括孩子们的青春期危机。不久后，孩子们将离开家去上大学。

本和利兹是在读研究生时认识的。之后，他们都在各自的职业生涯中取得了可喜的成就。本在一家大工业公司工作，而利兹则效力于一家大银行。

在孩子出生五年后，利兹放弃了她的工作。她为孩子们所付出的时间甚至超过了她在公司工作的时间。她后来再也没有回去工作过。

照顾孩子们的任务相当繁重，几乎每天从早上6点钟就开始了（如果孩子们不半夜醒来的话，当然，那是常有的事）。她不仅要参加学校的年度拍卖活动，还要作为志愿者去帮六年级老师的忙，带孩子们去上音乐课，担任学生的导师，之后，还有课后的体育活动。利兹还要陪同老公一起出席专为公司派驻在外的高管们回总部述职时所举行的晚宴，每个月至少一次。

然而，利兹的大多数女性朋友们都在坚持工作。其中一些人总是不厌其烦地问那个让她感到麻木却又不得不面对的问题："你什么时候回来上班呀？"尤其是当一位朋友问她"利兹，你什么时候才能获得一份真正的工作呀"时，她简直受够了！她喜欢当母亲的感觉，她很享受和孩子们待在一起的时光。是的，她有自己的梦想和计划，但她愿意先把它们暂时搁置一边。

12月初的一个晚上，在连续加班好几天之后，本很晚才离开办公室。坐在地铁里，他突然意识到一个事实——他的两个女儿马上就长大成人了。他在想如果孩子们离开家之后，他的妻子该做点什么事呢。

一位与他关系密切的同事最近刚离了婚。本很想知道究竟是什么导致了同事婚姻的破裂。这种事会发生在自己身上吗？

"你们到底怎么了？"有一天晚上他和同事在附近的一个酒吧喝酒，一杯酒下肚之后，本问他的同事。

"她非常生我的气，说我从来就没有给过她她想要的婚姻中的那种亲密关系。当我在追求自己的事业时，她却只能待在家里，她感到很愤怒！"

尽管本知道自己的妻子并没有像同事的妻子那样向他抱怨过什么。但接下来呢……他有些不能肯定，他和妻子从来没有谈过这类话题。

婚姻的失败显然让本的同事痛苦万分。那天晚上当他们离开酒吧时，他告诉本："你现在就应该问问利兹，当孩子长大了以后，她想做什么？我的妻子跟我说的最后一件事就是：'你总是只关心自己的梦想，却从来不问问我的梦想是什么！'"

当我们审视那些伟大的艺术家和领导者时，我们会觉得他们离自己的梦想是如此近。"梦想是我们个性的试金石。"陶醉于自己想象世界中的伟大的文学家梭罗曾经这样说过。而凡·高是这样告诉自己的朋友的："我梦想着画画，我画着自己的梦想。"

本觉得同事的妻子说的没错。他也从未关心过利兹的梦想，而只是过于关注自己的梦想。他很享受现在的工作，但有时也会想自己攀登公司高管的那副梯子是否搭错了墙，应该另谋高就。

那天晚上回到家吃过晚饭后，本抬头看着利兹，问了她一个简单的问题："利兹，你的梦想是什么？"

"什么？"利兹吃惊地反问道。

"我只是在想……你拥有怎样的梦想？记得你曾经说过要重返学校，拿下那个学位。你还记得吗？"本说道。

利兹低头看着手中的盘子，当她再次抬起头时，含着眼泪说道："你从来……之前你从来就没有问过我这样的问题。"那个晚上，他俩围坐在餐桌前促膝谈了两个小时，利兹向本倾诉着自己的梦想、希望以及担忧，而本只是认真地倾听着。当他们就寝时已是午夜时分了。

当你把你们之间的关系视为理所当然时，只能让你们的关系衰退，千万别忽视情感因素！要像新婚一样对待你的爱人或情人，像对待新客户一样对待你的老客户。如果你有一年没有见过你的朋友，就请向他道一声问候。通过一个简单的问题"你的梦想是什么"，来表达你的关怀，并帮助他们完成他们最渴望的事。

每天都被现实生活中的琐事缠绕，我们变得很有计划却丢掉了梦想，或者忽视了最亲近之人的梦想。现在就邀请一位朋友或爱人，让他们与你一同分享内心的感受，问一问："你的梦想是什么？"

| 提问的心得 |

你的梦想是什么

　　这是一个我们大多数人都不敢问的、看似简单却很有力的问题，也许是我们把它想象得太冒失。也许我们害怕的是答案本身。是的，每个人都喜欢梦想，我们所有人都有自己的梦想。

什么时候问最合适

- 当你想联系并希望和所爱的人或朋友走得更近些的时候。
- 当你想帮助某个人重新找回他们的激情和强烈的愿望时。

你还可以这样问

- 在你的人生中想做还没有实现的事是什么？
- 如果你没有任何束缚——孩子、金钱和你爱人的工作等，你最想做的是什么？

接下来这样问

- 对你而言，什么将是对你最大的奖励？
- 什么能够让它变得有可能？
- 你那样做的最大障碍是什么？

19

对话不是一个人的独角戏

我和玛格丽特（Margaret）正在一起用午餐。我通常不会和客户预约午餐时间，但玛格丽特在过去一年中几乎每个月都会打电话给我，希望能安排一个时间见个面。她是我开户银行个人银行业务部的副总裁。我心想，谁知道什么时候我需要一些银行征信呢？何不与她见个面，何况我们从未见过面。

"好呀！没问题，那我们今天一起吃午饭吧。时间快到了。"刚才她打来电话时我对她说。我们在她选择的一家餐厅里碰面。我到达时，她已经在那里等了。她站起来和我握手寒暄，我感到她的手温暖而有力。

在服务员来点餐之前，玛格丽特跟我讲述了她在银行工作了多少年以及她是如何一步步奋斗到今天这个职位的："通过不懈地努力工作，我做到了今天的这个位置。"

此时服务员送来了文蛤周打汤。在就餐时，我了解到她将要去夏威夷度假，为期两周。她兴奋地说道："我们每年都会去那里度假，我们非常享受住在大岛（Big Island）的那些时光。那是多么地令人愉快！"

我在想接下来的场景，就像电影《疤面煞星》（Scarface）中那个精彩无比的场景，阿尔·帕西诺（Al Pacino）躺在他的公馆里的巨大浴缸中享受着泡泡浴，他环顾四周问道："全都在这里了吗？"我正在问同样的问题。

在我们喝汤和吃科布沙拉的时候，玛格丽特又跟我讲了她刚刚降生的小孙子，还从她的手提包中拿出了一些照片让我看。没有什么比这个更值得一位刚刚当了祖母的人骄傲的了。（我一直在想玛格丽特会不会问我一些什么，可惜她啥都没问。）

我们喝完了餐后的咖啡，她看了看手表——就像打喷嚏一样突然，很显然是到了该离开的时候了，她说道："非常高兴能和你共进午餐！我真的期待着和你再次见面！"

哦！究竟发生了什么？对我而言，通过这顿午餐，我了解了玛格丽特不少事，而她却对我一无所知。她没有问我任何事，也没尝试着鼓励我说点什么，或问问我的个人情况，甚至对我的生意都没试着了解些什么。

　　她应该能够通过一些简单的开放式问题了解一下我，例如她可以问："你能告诉我你对我们银行的服务感觉如何吗？"或者"你为什么要自己做生意？"再或者是"你是我们的重要客户，我们应该如何提高服务以满足你的需求？"最重要的一个问题是："真的？你能多跟我讲讲吗？"

　　当对方对你的问题做出回答时，当你问对方"能跟我多讲讲吗"时，会让你们之间的对话和互动交流更加畅通。就是这样一个简单的可以用在任何场合的问题能够带动对方参与进来。"你能多跟我说说吗"是一个你随时能够用上的有效问题，甚至每天都可以用。

　　当离开餐馆时，我无奈地摇了摇头。回到办公室后，一位同事问我午餐吃得怎么样："你没白白浪费时间吧？"

　　"完全浪费了！"在我还没想到一个恰当的回答时，答案已经脱口而出了。

　　"怎么了？到底发生什么事了？"他问道。当我回想中午的那顿饭时，我意识到我的银行人员连一个了解我生意或职业的问题都没有问，可是她完全可以谈一谈她的其他跟我从事类似生意的客户是如何处理我所面临的挑战的。由于她没有对我目前的头等大事进行充分的了解，所以她并不知道该如何为我提供更好的服务或者是否还有其他更能让我从中受益的银行服务项目。

　　你在生活中是否碰到过类似的事情？你们应该坐在一起——对照和弄清楚客户的需求。我想你们应该会这样去做。我的银行人员白白浪费掉了一次很好的机会。她应该在别人的推动下顺利通过自己职业生涯的旋转门，她应该保证我和银行之间的关系能够长久维系下去，应该赢得我热情而忠诚的业务支持，从而建立起牢固的客户关系，但她并没有做到。

谈话不是你的独角戏。如果从头到尾都是你一个人在说，你就无法了解对方。如果你一直都在围绕着自己说，你就不能掌控他人。

你的工作不是听并做出反应，而是获取信息并建立起充满生气的对话来。这一点很重要。"你能多跟我讲讲吗"这个问题正是打开他人心扉和思想的神奇钥匙。

你可以通过问"你能多跟我讲讲吗"这个问题来打开话题，了解对方更多的信息。你要经常问别人这个问题，它就像新鲜出炉的面包必须搭配柔软的黄油一样，是开启对话的必经之路。

| 提问的心得 |

你能多跟我讲讲吗

19 世纪时，有一位女士在一个月内分别同两位当时被公认为英国最伟大的政治竞争对手的格莱斯顿（Gladstone）和迪斯雷利（Disraeli）共进晚餐。这两个人都曾担任过英国首相。当别人问这位女士对这两个人的印象时，她回答道："在我和格莱斯顿先生共进晚餐之后，我觉得他是全英国最聪明的男士。"当她的朋友问她和迪斯雷利先生共进晚餐的感觉如何时，她回答道："在我和他共进晚餐后，我觉得自己是全英国最聪明的女人！"

当你让你们之间的谈话都围绕着自己时，别人也许会认为你很聪明，但这并不能在你们之间建立起信任，你也无从了解对方。同时，你也失去了一次打下长期深厚关系基础的机会。

什么时候问最合适

- 任何时候，任何场合。
- 想鼓励他人进行深度对话和多说一些话时，这是一个快速有力的方法。

你还可以这样问

- 关于这件事，你能再多说一点吗？
- 你的意思是……（提醒对方更加细致地确认他们提出的条件。）

接下来这样问

- 什么时候？
- 发生了什么？
- 怎样了？
- 为什么？

20
从他人的内心感悟中学习

　　服务员端上来了三道热气腾腾的菜，过了一会儿，又上了两道菜。我正在和查尔斯·W.寇尔森（Charles W. Colson）以及他的妻子帕蒂（Patty）共进晚餐，地点是在一家我们都很喜欢的中餐馆。查尔斯就是我心目中的英雄。

　　我觉得自己对查尔斯的情况了如指掌，包括他的方方面面。在今天的晚宴上，由于我问了查尔斯一个以前从未问过他的问题，从而又加深了我对他的了解。

　　一会儿我会告诉你我问了他什么问题。这的确是一个非常有力的问题，当我问他这个问题时，我们居然就此话题整整谈了两个小时，从木须肉一直谈到了幸运甜饼。

让我先跟你介绍一下查尔斯·W.寇尔森，我们仅从以下一件事情就可以看出这位伟大之人的不平凡之处。他的自传《再生》卖了300万册。这本畅销书的版税全部捐献用于筹建监狱团契（Prison Fellowship）。而实际上，他很多书的版税都捐给了这个机构。你或许还记得他曾因卷入水门事件而被捕入狱。（实际上，他根本就没有参与其中，这当然另当别论了。）

在30多岁的时候，查尔斯成了尼克松总统的特别顾问，他的办公室就在总统的隐蔽办公室的右边。尼克松总统非常不喜欢总统的椭圆形办公室，他大部分时间都在他那僻静的隐蔽办公室里办公。

查尔斯是尼克松总统的非官方内阁成员。他被邀请参与主要的政策事务。对查尔斯来说，被尼克松半夜两点钟叫去聊天或在白天被传唤进入他的办公室已经是稀松平常的事了。我还知道他因捏造关于他参与水门事件阴谋的证据而被捕入狱。

我问了查尔斯一个之前从未问过他而经常问别人的问题："你曾经被问过的最难回答的问题是什么？"我对查尔斯的回答毫无准备，我想一定与他创建监狱团契有关。查尔斯说过入狱是发生在他身上最具深远意义的一件事。《纽约时报》曾这样写道："查尔斯的一生体现了历史上最非凡的救赎。"

他三年的刑期被减到了七个月。与此同时，监狱团契的种子被播下了。他说那并不是你生命中要紧的事，只是你去掌控那些决定你性格因素的方式。如今监狱团契已经发展成了世界上最大的帮助监狱服刑人员改过自新的组织，它遍及世界110

个国家。从这个团体中毕业的绝大多数监狱服刑人员在被释放后就再也没有做过犯法的事，不像其他监狱服刑人员那样重返监狱的概率很高。查尔斯成了发起这场运动的先驱，从这里发展壮大出了上百个类似的组织。

———————

回到我的问题上来，"你曾经被问过的最难回答的问题是什么"，答案跟他在监狱里的那段时光毫无关系，也跟他成为世界上最伟大的监狱改革之父没有关系。我将让他亲口来跟你讲述他的故事。

"尼克松总统把我叫到了他的办公室，那时已是深夜了，办公室里只有我们俩。我可以告诉你，我们当时都很兴奋。他以选举史上最多的选票成功获得总统连任。他几乎干什么都不会有人挑错的。"

"他当时告诉我说他刚刚收到了国务卿基辛格的电报。基辛格强烈建议我们在寻求越南和平的同时，应该增加对北越南的轰炸才对。对他来说这似乎不仅是合理的，而且是必要的，前提是如果我们将被北越南认真地拉回到和平谈判桌上。"基辛格还向尼克松提出了其他建议。他说重要的是总统先生应该跟美国人民解释一下这样做的必要性，尼克松还应该就此事进行公开讨论和辩论。

"查尔斯，"尼克松说道，"我不能确定是否应该这么做，我想知道你是怎么想的。我相信你的判断。我们是否应该继续进行轰炸，并跟公众解释我们的政策？"

"这是一个非常难做的抉择，"查尔斯继续说道，"基辛格非常睿智，他对总统的影响非常大，但我还是认为他在这件事情上的做法是错误的。"

"由于战争透明度的缺失而引起的众怒，使得这个问题非常难以回答。尼克松不得不在公众辩论和支持反对签署和平协议之间寻求平衡。"

"我们慎重地探讨着，这个问题就像一个雷区，陷阱丛生。但我最后还是告诉了总统先生我的想法：我们应该继续轰炸，但不要试着解释什么。我很担心这会引起整个国家更加激烈的辩论和争论性的游行示威。每个人都对越南和战争感到不快，但重要的是试图解释只会削弱我们在和平谈判中赢得成功的筹码。"

"那真是一个我被问过的最难回答的问题。它是一件多么让人痛苦的复杂的事情。何况你不能去与基辛格对抗。"

"我们的确那样做了，结果是连续的轰炸加速了和平谈判的进程。"

当我们承受了巨大的压力时，当我们被他人推动时，我们能学到更多的东西。通过提问，从别人内心深处的感悟中学习："你曾经被问过的最难回答的问题是什么？"

| 提问的心得 |

你曾经被问过的最难回答的问题是什么

1986 年度诺贝尔和平奖得主埃利·威塞尔（Elie Wiesel）曾经这样写道："上帝创造了地球和人类是因为上帝非常喜欢故事，我们所有人的人生都是上帝告诉我们的故事。"

"你曾经被问过的最难回答的问题是什么"这样的问题总是能让彼此之间的谈话如涓涓细流般流畅。当你问这个问题的时候，你会发现对方会停顿一下，然后说："哦，我该如何回答？让我想一想。嗯！这的确是一个难以回答的问题，在我内心深处的答案到底是什么？"

什么时候问最合适

- 当你想要探究一个人的内心深处时。
- 当你想要更多地了解一个人的性格和思想观念时。

你还可以这样问

- 你被问到的最有意义的问题是什么？你也问过别人同样的问题吗？
- 请告诉我你是否曾经被问过一个真的能把你击倒的问题？
- 你是否被问过让你感到尴尬的问题？或者你是否问过让你的交谈对象尴尬的问题？

接下来这样问

- 别人的问题对你的人生产生过什么样的影响？
- 后来你能否感到你心中有了一个正确的答案？
- 如果今天你还被问到同样的问题，你的答案会一样吗？

21

打动人心的问题犹如射进暗室的光

准备好了！我将要问本书涉及的另一个有力问题——哪一天是你一生中最幸福的日子？是你得到最重要的升职的那天吗？是你第一个孩子出生的那天吗？还是你遇见未来的另一半的那天？抑或是你结婚的那一天？哪一天对你而言是能超越一切的特殊日子？哪一天在若干年后只要你一想起，就会发出会心的微笑？

花一分钟时间好好想一想这个问题。哪一天是你一生中最幸福的日子，或最美好的时刻？从你的脑海中找到肯定的答案，并尽情地回味一下。当你完成后，请继续读下去。我将和你分享一下鲍勃的故事。

在你的一生中你会遇见一些像他这样的人，但不会很多。他们出现时，魅力四射，他们身上所散发出来的气场一定会控制整个场面。鲍勃就是他们当中的一位。

我正在和普特南投资公司（Putnam Investment）的 CEO 罗伯特·雷诺兹（Robert Reynolds）一起聊天，这是一家全美五大投资公司之一。

当他刚来到普特南公司的时候，公司正步履艰难，多年以来令人担忧的投资回报率以及因不当交易而引起的经济纠纷一直困扰着公司。你可以想象鲍勃作为当时金融界的宠儿，为什么愿意去接受这样的挑战。是的,他的确扭转了这家公司的命运。《华尔街日报》专门为他开启了普特南新纪元的事实写了一篇报道，该报道是这样评价的："他不仅重塑了公司的业绩，而且还重新树立了公司的声誉。"

———————

"记得我刚到普特南公司上任的时候，"鲍勃对我说道，"我发现员工们的注意力都集中在了不要损失更多的钱上了。我告诉他们如果他们还想在公司上班的话，最好将注意力集中在如何挣钱上。"

他的办公室里堆满了照片、雕像、纪念品以及他离开富达国际投资公司（Fidelity）时收到的礼物——一只象征商业投资领域的大猩猩。我将告诉你更多关于他在那里的一些事情。

首先让我说一下对他的这次访问。我问了他很多问题，这也是我访问别人时惯常的做法。其中有一个问题通常会引起强烈的反应（它也是最能直达内心的一个问题）："你一生中最大的遗憾是什么？"我也问了鲍勃这个问题，却没有看到他脸上显出丝毫的惊讶。我很想弄清楚答案。我想也许这个问题会勾起他痛苦的回忆，但鲍勃最后还是回答了这个问题。

"你知道，我真的没有经历过失望。我实在想不起来有什么事可以让我失望。我是一个积极乐观的人。"

我觉得自己已经很了解他了。我非常清楚地记得他告诉我他一生中最大的遗憾是没能获得国家足球联盟会理事的工作，而他之前被明确告知他是该联盟会老板中意的候选人之一。于是我又问了他一次。

"当时有很多人参选，后来筛选出了八个人，再后来剩下四个人，最后就剩下一个内部的参选者和我。

"我接到了保罗·塔利亚布（Paul Tagliabue）打来的电话，他是当时的理事，即将退休。他对我说：'鲍勃，我觉得你将会是下一个继任者，我们应该聊聊。'于是我去见了他，并且谈得非常好。

"尽管最后我没有获得这份工作，但我一点儿都不失望。我为自己曾经是众多竞争者中的一员并尽了最大的努力而感到自豪！"

在三个小时的访问中，我们谈了许多方面的问题，有许多

问题需要接下来去跟进。于是我决定再问他另一个相当有分量的问题："鲍勃，让我们回想一下，你一生当中最开心的是哪一天？非常开心的那一天！"

"哦，显而易见，就是内德·约翰逊（Ned Johnson）①告诉我，我将成为他的继任者——新的 CEO 的那一天。我当时绝对是欣喜若狂，我觉得到达了人生的幸福之巅！

"但结果却并不尽如人意。如果你想知道详情的话，可以查看《财富》杂志的报道，那是一篇很长的文章。但那是一次很友好的离开，是时候该离开了而已。"

当鲍勃离开富达公司的时候，他已经是公司的二号人物了，并担任首席运营官一职。我们谈了很多关于富达公司的事，我从未在这方面对他进行过深入的了解。"你一生当中最开心的是哪一天？"正是这个问题揭开了鲍勃对在富达公司那段经历的一些看法。在一家家族企业做到二把手的位置十分艰难，其压力也不是一般地大，尤其是你管理的员工都是家族的成员。无独有偶，我记得还有类似的故事。

当有人问克里斯蒂安·赫特（Christian Herter）在美国前国务卿约翰·福斯特·杜勒斯（John Foster Dulles）手下做事的感觉如何时，他是这样回答的："在一个人的部门做二把手真的很辛苦！"

在我与鲍勃的交谈中，能够引起深入探讨的问题就是："你

---

① 富达国际投资公司的创始人。——译者注

一生当中最开心的是哪一天？"每当我问起别人这个问题时，总能让对方敞开心扉，深入地交谈下去。但请记住，对于一个人是最幸福的事，对于另一个人却未必是最开心的事。

一天美国前总统约翰·亚当斯在他的日志中这样写道："我和查尔斯一起去钓鱼，这恐怕是我最糟糕的一天。"而他的儿子——九岁的查尔斯，却在日记中写道："今天我和爸爸去钓鱼，这绝对是我最开心的一天了！"

想要深入挖掘了解他人身上的特别之处，你也可以面带微笑地看着他们的脸，然后问："你一生当中最开心的是哪一天？"

| 提问的心得 |

你一生当中最开心的是哪一天

这个问题就好比那一束照进暗室的光，能够点亮人们内心深处的黑暗。也许别人不能回答这个问题或只能简单回答，这就足够了！你已经让他们的思绪彻底摆脱了内心深处痛苦记忆的阴影了。

无论对方是给出了真实的答案，还是陷入沉默的思考中，这个问题都会有积极而正面的影响。

什么时候问最合适

- 当你想要深入了解别人并建立起更加密切的关系时。

● 当你需要了解对某人性格造成影响的重大事件时。

你还可以这样问

● 你一生当中最伟大的日子是什么？

● 在你生命中哪件事给你带来了无与伦比的快乐？

接下来这样问

● 为什么那对你而言是如此特别？

● 是否有哪些事情或日子对你来说很重要？

22
找到打开心灵的密钥

我想向你介绍一位我所认识的最有名的人，先让我简单跟你介绍一下吧。

托马斯·S.莫纳亨（Thomas S. Monagham）是达美乐比萨饼（Domino's Pizza）公司的创始人。1960 年，他在一间不超过卧室柜那么大、仅仅只有 4 米宽的房间里开始了他的创业生涯。公司后来从一家店发展到了 6256 家店，并拥有了 13 万名员工。1998 年他卖掉了公司。

由于达美乐公司属于汤姆和他的家族，因此他们所获得的销售收入的确切数字是不会对外公开的，但我能肯定地告诉你大概是 10 亿美元。

他决定卖掉公司是为了开始自己的第二职业——慈善事业。"在我死之前我想把它们都捐出去。"有一天他对我说。(那时他已经做得非常成功了。他算了一下，迄今为止他已经捐赠了7亿~8亿美元。)

本章并不是要告诉大家一个当时在美国历史上成长最快的连锁店的故事。我是想要告诉大家更多关于这位非凡人物的故事。我们曾一起在他最喜爱的餐厅共进晚餐。

汤姆就是那种在别人眼中有些挑食的人。吃鱼不放任何作料，不搁淀粉，煮菜时不放奶油或食用油。医生说他可以活到100岁。了解到汤姆和他的生活习惯后，我也就客随主便了。

汤姆是在孤儿院长大的。六岁的时候，他遇到了对自己一生影响最大的人——修女贝拉尔多（Berardo），孤儿院众多嬷嬷中的一位。每天她都会不停地跟汤姆说："小汤姆，要成为一个好孩子，要尽自己所能成为一个最好的人！"他一生都在追随着这一教导——成为好人并且行善。

在我们的多次采访中，我都对汤姆进行了深入而直截了当的提问。汤姆可以说是我心目中的英雄。我问了他大量的问题。我将与你们分享其中一部分我觉得很有趣的例子。

————————

我从未见过汤姆不穿套装的样子。他总是穿一件绿色衬里的外套，系一条绿色领带。（可以肯定的是，他是爱尔兰裔）。我能很清晰地想象出他清晨起床沐浴，然后穿上套装的样子。

汤姆是我见过的最自律的男士了。他总是遵循着一定的原则和书中的指导来生活。

有一天我问他为什么总是穿套装。他告诉我如果你穿着得体的话，才能想得得体，才能得体地去做事，并更好地决策。他还向我强调说这绝对得到了科学的印证。他为自己公司里的数百名高级员工制定了上班的衣着准则。每天都必须穿套装（当然他们不必都要穿绿色衬里的那种），不能穿运动装。女性主管也有一套相应的着装标准。

众所周知，他的商业生涯和慈善事业都达到了顶峰。"汤姆，在我与你接触的所有时间里，我从未见过你身上体现出丝毫的压力，无论是面对什么样的问题或挑战。你怎么做到的呢？"我不解地问他。

"唯一让我感到有压力的事是当我躺在沙发上时，我意识到花园里的草又长高了，需要除草了。这得归功于我做事时的心态。"

———————

你还想知道更多关于汤姆的故事吗？我想我真应该为他写一本书。但言归正传，让我来告诉你在这次采访中我问他的第一个问题是什么。他的回答简直超乎我的想象，让我大吃一惊，完全出乎意料，但绝对精彩！

我问了汤姆一个我让大家经常问的问题——你一生中最大的成就是什么？这真的是一个有力的问题，它总能打开别人的心扉并直击其精神层面，它还能打开人们的记忆之门。你所能想到的答案是什么呢？

我期待他告诉我他是如何开始世界上最大的比萨饼连锁店创业的，或者他是如何创立圣母颂大学（Ave Maria University）基金会，又是如何创建并资助圣母颂大学法律系的，但答案都不是。再或者他也可以告诉我他是如何买下美国职业棒球底特律老虎队（Detroit Tigers）并赢得世界系列赛的，那一定是一项非凡的成就！但这还不是他的最终答案。

也许创建 Legatus 组织是他最大的成就了。Legatus 是世界上最大的专为公司 CEO 和顶级领导者成立的组织。那让他得到了大家的认可并声名远扬。但这依然不是问题的答案。

此时，作为读者的你一定会为他的答案感到震惊，至少我是这样的，尽管我自认为已经很了解汤姆了。你做好听他答案的准备了吗？

"汤姆，你一生中最大的成就是什么？"我问他。

"就是我申请参加美国海军陆战队被录用的那天，那是我一生中最大的成就！"

"什么？汤姆，你一生中所有的成就中，最大的成就是在海军陆战队服役的那些日子？"

"是的，它教会了我什么是品格、自律以及价值观，是它改变了我的人生。"接下来的 30 分钟内，我们一直在谈论他在海军陆战队那些改变他命运的日子。

美国海军陆战队的座右铭是"永远忠诚"（Semper Fidelis），

也就是坚持信仰的意思。对于那些在精英队伍中服务的人来说，这似乎是一种根深蒂固的影响。陆战队会举办友爱会，这是为部队中忠诚而具有终生奉献精神的战友准备的。

当你提问后得到一个意想不到的回答时，千万不要感到惊讶；那是因为你还没有发现你的谈话对象那未经掩饰的灵魂。你完全不必多虑。

哦，说点题外话。想必你已经见过达美乐的标识了。你肯定也会像我一样想知道为什么达美乐的标识上一边有两个点，而另一边只有一个。这是因为这个标识是在汤姆拥有三家店时，他请一位艺术家帮他设计的。那三个点代表当时的三家店。之后达美乐就一直延续了这一标识。

要想了解一个人的内在，要想知道对他们而言最重要的事是什么，你可以这样问对方："你一生中最大的成就是什么？"

| 提问的心得 |

你一生中最大的成就是什么

这个问题有几层意思。它既涵盖了建立深层关系的对话，又引申出了许多额外的问题——有可能给最大的成就感下个定义吗？是指专业上的成就呢，还是也包括个人和家庭生活方面的？我们如何定义成就感？这是一个强有力的问题，能够引人深思，并进行更为深入的对话。

哪怕别人很难说得出有什么成就，你也能从他们身上学到许多东西。(当这个问题轮到你来回答时，不妨顺便准备一下你的答案。)

什么时候问最合适

● 当你想和某个人建立深厚关系并了解什么对他来说最重要时。

你还可以这样问

● 你个人最感到满意的成就是什么？
● 你最值得骄傲的成就是什么？
● 在你所有的成就中，你认为哪一样是其他人最能记住的？为什么？

接下来这样问

● 请再多说一些。为什么你会选择那件特别的事呢？

23

与人分享他们最值得珍惜的一刻

　　我的好友罗比·维尼博格（Robie Wayneberg）邀请我到他们家共进庆祝逾越节的晚餐，这是一次非常特别的晚宴。逾越节是犹太人节日中最广为人知的节日，是一个为了庆祝犹太人出埃及的、充满喜庆气氛的节日。这个节日与基督教信仰这种精神上的血缘关系使其充满了颂扬与喜悦之情。犹太人相信耶稣和他的追随者待在一起的最后一夜举行的是逾越节的家宴，我们现在称之为最后的晚餐。

　　罗比一家围坐在餐桌旁，他们给了我一顶犹太圆顶小帽戴上，我也成了他们家庭的一员。这是一个非常感人的夜晚。仪式正式开始了：三份逾越节薄饼、未经发酵的面包、苦草、鸡蛋、盐水，之后是烤羊肉和酒。

接下来是一个我所听到的最能触及灵魂、发人深省的问题，此时，你不妨身临其境想象一下那晚的情景、那家人以及那种神圣的仪式。现在让我们再回到那个问题上："是什么让今夜显得如此不同？"

同样，这个问题与我多年来一直在问的问题很相似。在我的孩子们每晚钻进被窝准备睡觉时，我都会问他们："是什么让今天比其他日子显得更特别些呢？今天都发生了哪些精彩的事情？"这些问题能将白天发生的那些不愉快的事情，如被人冷落、摔倒在游乐场、难解的乘法运算题、没有被选入团队、被口香糖粘到等，都统统忘掉。取而代之的是孩子们对一天当中特殊时刻的美好回忆：被老师点到名时能够正确地说出答案，并多了10分钟的休息时间。放学后能和最好的朋友一起玩耍。

这是一个多么给力的问题。我的孩子们现在已长大成人，有了各自的家庭，他们也在问他们的孩子同样的问题。

当我和一个人或一个团体谈话时也经常问他们这个特别的问题。有时，我会听到有关他们工作升迁或与客户成功建立关系的回答，但更常听到的是一些能给他们带来巨大快乐的那些看上去微不足道的小事。它或许是孩子的一个微笑，是一次绚烂的日落，又或许是与爱人的一次亲密无间的交谈。这个问题是多么地神奇。就好比天上的星星一样，只有人们去长期关注它，才能发现它们的美丽，也才能发现新的星星。

这个问题能够迅速吸引一个人，正如美国著名诗人罗伯特·弗罗斯特（Robert Frost）所写的一样："站在探索的入口处，车轮已经转动，然后带着喜悦和微笑而来。"

试着问一下吧。在你们共进晚餐的时候，或者如果你足够幸运，还有小孩待在家中的话，在你让他们钻进被窝之前试着问一下这个问题。问一下你的朋友这个问题，你会发现快乐极致的那一美妙时刻以及那种发自灵魂深处的狂喜。

如果一个有力问题的描述能让思想得以延伸并得到回应的话，那这的确是一个具有强烈冲击力的问题，并具有神奇的魔力。用狄兰·托马斯（Dylan Thomas）所描述的被生活所触摸以及在浴火中永生的情景来说明这个问题的影响力，是再恰当不过的了。这个问题正是："是什么让这一天显得如此特别？"

邀请别人与你一同分享他们最为珍惜的那一刻，你可以通过问他们"是什么让这一天显得如此地特别"，来帮助他们重拾和记住对自己而言十分特别的那些日子。

| 提问的心得 |

是什么让这一天显得如此地特别

这是一个适合晚饭后问的非凡问题。当在鸡尾酒会上招待朋友之后，或和家人待在一起的时候，问这个问题再合适不过了。这时所得到的反应都是积极的。这会让人们联想起那些已经发生的所有的美好事物。这一反应之所以如此特殊，是因为当喜悦溢满他们的心田时，会自然而然地传递给另一个人。

难道一整天的基调就应该是消极的吗？肯定不会的，只要相信"不经历风雨怎么见彩虹"，明天就一定会更美好。无论发生了什么事，这个问题都能引发深度的交流。

什么时候问最合适

- 当你和任何人在一天即将结束的时候交谈时。
- 当别人从一次冒险或远足旅行归来时。

你还可以这样问

- 能跟我说说你今天过得如何吗？
- 什么事让你今天那么高兴？什么事让你如此愁眉苦脸？

接下来这样问

- 为什么它对你而言很特别？

　　你如何将刚认识的关系转换成有实质意义的关系？只有当彼此更好地了解对方之后才有可能加深双方的关系。这就意味着你必须与其分享自身重要的经历，要在对方面前袒露个人的私事。你要通过情感而不仅仅是业务层面的关系来维系你们之间的关系。

　　人与人之间的关系是不断变化的，很少一成不变，或者得以改进和发展，或者半路夭折。以下这些特别的问题将帮助你将你们之间的关系不断加深和发展下去。

有助于建立起私人联系的问题

1. 你希望被别人记住什么？
2. 你人生最大的成就是什么？
3. 什么能带给你人生最大的满足？
4. 你一生当中最开心的是哪一天？
5. 你最希望年轻时的你能懂得什么样的你如今才明白的人生哲理（如关于成功、人际关系、为人父母等）？
6. 你能跟我分享一下自己的职业奋斗史吗？你是如何做到今天这个职位的？
7. 你在为公司工作的时候，最喜欢做什么？
8. 你是如何分配你的时间的？你愿意在哪方面多投入一些时间？在哪方面少花些时间？
9. 你愿意跟我讲讲你的家庭吗？你的孩子多大了？
10. 什么时候你不会再在工作时掺杂其他事情？你是如何度过休闲时光的？
11. 你是如何看待……（目前的事件、选举的结果或其他别的事情）的？

12．谁对你的影响最大？谁扮演着你人生导师的角色？

13．你在哪里长大的？你的家乡是什么样的？

14．你父母的性格是怎样的？你从他们身上学到了什么？

15．如果你没有进入……（商业、教育、医药等）行业，你觉得你会从事什么职业？

16．如果今天你要为自己写一份讣告，你将写些什么？

17．你迄今为止读过的记忆最深的一本书是什么？（也可以是一部电影、一场音乐会等。）

18．你认为自己是一个外向型的人还是内向型的人？为什么你会这样认为？

19．想一想电子邮件、书面信函、面对面会谈以及社交媒体等众多的沟通工具，你是如何描述自己的沟通风格和偏好的？

20．我不太了解你早期的职业，你是否愿意告诉我在你职业生涯的第一个五年，你在从事什么样的工作？

21．你是如何开始创业的？

22．你认为你的老板目前最迫切的事情是什么？

了解别人日常工作情况的问题

23．你能跟我说一说你的工作吗？什么事情占据了你大多数的工作时间？

24．每年年底，你们是如何考核业绩的？

25．今年你们公司对你的要求是什么？

26．你工作的主要项目或事项是什么？

27．现在什么对你最重要？

28．目前你对你生活中的什么事最富有激情？

29．你今年想要完成的最重要的事情是什么？

30．如果你每周都有额外的几个小时，你会用它来做什么？

31．当你空闲下来的时候，你最喜欢做的事情是什么？

表示感同身受的问题

32．告诉我，你现在好吗？

33．你能多说一点吗？事情进展的如何了？

34．你说你感到……是什么意思？

35．为什么你觉得它已经发生了？

36．你对那件事感觉如何？

37．我正在试着想象你当时的感受。我想那一定是……（令人愤怒的、令人尴尬的、值得骄傲）对吗？

38．你说你此时的心情到底有多……（愤怒、尴尬、骄傲等）呢？

39．当时所发生的一切对你而言很艰难吧？我能想象得出那一定很具有挑战性。（永远不要轻视，要认真地去对待任何你说过的话。）

40．你觉得那是你应该去做的正确的事吗？或者说，你认为那是正确的回应吗？（不要做判断。主观判断往往会抹杀同理心，应该去问别人的想法。）

41．这看上去好像是两件完全不同的事情同时存在着一样，对吗？或者说，看起来你陷入了左右为难的境地，对吗？（改述和证实。总结他人所说的内容是一件很无聊和乏味的事情，改述或者概述则显得很有力。）

42．你想做什么？或者说，你认为你的选择会是什么？

43．我有和你类似的经历。我能与你分享一下吗？

44．我所能做的对你有帮助吗？

处理危机或投诉的问题

45．谢谢你能把这个问题提出来。你能告诉我关于这个问题的详情吗？

46．关于那件事，你能再多说一点吗？

47．这是真的？

48．到底发生什么事了？

49．他们那时的反应是什么？

50．你认为它怎样才能与这个观点一致？

51．你还有什么要告诉我的吗？

52．对这件事的发生我很抱歉。你希望我们做点什么来解决好这个问题？

53．这对我的确非常重要！我们最快什么时候能一起讨论一下这件事？

54．我想如果我多做一些事实调查的话，会对事情的解决有所帮助，然后我们过几天再当面讨论一下行动方案以促成事情的解决，怎么样呢？

55．如果此时有什么情况出现，你能立即让我知道吗？

关于业务关系反馈的问题

56．从你的角度来看，你觉得我们之间的合作如何呢？

57．你能客观评价我们之间的合作吗？

58．对我们之间的关系你有任何想改变的吗？

59．我应该多做点什么？我应该少做点什么？

60．我是否还需要多花一些时间在贵公司的某些人身上？

61．我们之间的沟通是否已经很充分了？

62．我是否有效地做到了让我们的工作与你主要考虑的事情相契合？

63．我所做的一切是否对你最有帮助？

64．我应该用什么样的方式才能帮助你达成目标？

65．你是否觉得我正在做着你认为最为核心和最关键的事情呢？

66．我怎么才能让你的生活轻松些？

67．我应该怎样才能让我们之间的生意顺利些？

68．通过什么样的方式才能让我成为你和你公司更好的聆听者呢？

69．你认为我应该更多地了解贵公司业务的哪些方面或贵公司的哪部分呢？

70. 总之，我怎样才能做得更好，以帮助你实现自己的目标？

71. 还有其他哪些事是我们应该替你意识到或考虑到的？

72. 你是否还有其他需要放到桌面上来谈的顾虑？

73. 在 1~10 的范围内，你会有多大热情将我和我的公司推荐给你的朋友或同事？

吸引员工提出建议的问题

74. 我们是否正在做着那些不再重要或无效的事情？我们是否正在做着我们应该停止做的事情？

75. 你有什么好的想法能够帮助公司成长？

76. 我们如何才能在这个方面有所提高？

77. 你认为什么是我们能够采取的最简单而重要的措施，以保证我们的企业更加成功？

78. 你知道我们为什么这样做吗？

79. 你认为什么才是这件事真正的核心问题？

80. 有什么方法能让你的工作朝着更有效的方向发展？

81. 对……（降低成本、提高收入、提高生产率以及改进创新等）你有什么好的建议吗？

82. 怎样才能让你的工作变得更有趣和更有激情？

83. 公司的哪个方面吸引你加入了公司？

84. 哪些额外信息或资源能让你变得更有效率？

85. 你认为我在哪个方面最有效率和最具影响力？

86. 你最热爱你的工作的哪一方面？

87. 你工作当中的哪一部分最具有挑战性？

88. 根据你的经验，你会如何描述这家企业的文化？

89. 什么让你为能在这里工作感到自豪？

90. 你能说出一项你不明白或想了解的管理决策吗？

91. 领导者应该怎样做才能与组织进行更加有效的沟通？

92. 你希望更好地了解我们当中的哪一位？

93. 我们最近从客户那里听到了什么？

我收集整理的好问题

POWER
QUESTIONS

Build Relationships, Win
New Business, and Influence Others

第三篇
人生篇

24
坚持站在问题的核心处

如今我陷入了进退两难的窘境简直要发疯。我太想在生意上取得成功了，但我心里很明白它给我带来了一连串的麻烦。

我正在和一位试图控制我工作的方方面面的潜在客户讨论一个项目。他总是不厌其烦地想看到我所提议的每一种方法的细节，并想提前听到相关演讲。他坚持要检查我为他的员工培训所准备的每一张PPT幻灯片的风格，还有关于参加培训的预期人数的精确比例问题。

我正在为如何应对他永无休止的要求和命令而纠结着。我很想拿下合同，但直觉告诉我，事情正朝着相反的方向发展。随着时间一点一点地过去，我越来越感到不安。

此情此景用意大利语中的一句话 "Si vede il buon giono mattina"（意思是，从清晨开始你就能知道这将是怎样的一天。）来形容再恰当不过了。换句话说，事情经常会结束于它一开始时的方向。这的确不是一个好的开始。

我决定向我的朋友兼导师、作家阿兰·威斯（Alan Weiss）先生求救。阿兰一贯擅长让事情峰回路转，朝着正确的方向转变。他能通过一种近乎荒唐的方法直击问题的核心。

我打电话给阿兰，告诉他："我有一个问题需要请教你。"

"好吧，请讲。"在一阵寒暄之后，阿兰终于回到了正题上。

"我有一位潜在客户，他是芝加哥一家大公司的高管。他们公司有一份大单子。他们正着手打造一个雄心勃勃的项目，以期为公司收入带来增长，并建立起更浓厚的利润型企业文化。"我继续向阿兰描述着这个客户的背景，"而且，他希望能为我们之间的电话会议准备一份时间表，甚至包括周末的时间！"

我觉得跟阿兰描述这一切很重要。不，岂止是重要，简直就是必须！如果他不能全面地了解详情，又怎么能够明白我担忧的问题是什么，又怎么能够给出最恰当的建议呢？于是我又继续说了好几分钟。

"我能够打断一下吗？"阿兰问道。

"当然可以。"我告诉他。

"你的问题是什么？"

我的整个思绪被打乱了。我还有好多详细的信息没有跟他说呢！

"好吧，你知道这个家伙觉得自己就是这个项目的主人，而且……"于是我又开始喋喋不休地向他叙述事情的整个背景，以便他能够做出正确的选择。

阿兰再次打断我说道："你的问题是什么？5分钟前你就说你有一个问题要问我，那是什么问题？"

我开始有些尴尬。"问题？哦，"我停了一下，想了想，继续说道，"是这样，我如何与一个控制欲极强、试图事事都凌驾于我的客户打交道？"

阿兰轻声地笑道："我就知道一定有一个核心问题。你看，你没有告诉他们如何写他们要卖给客户的软件，那他们也不应该告诉你如何做咨询。那正是你作为咨询专家所擅长的。你应该告诉客户，他们对你的横加干预就好比，当他自己要购买一辆奔驰车时，不到展厅去买，而是坚持飞到德国奔驰车场去检查汽车组装线，然后建议工人如何制造一辆车一样。奔驰是一个家喻户晓的著名品牌，他们应该相信奔驰的最终产品应该能达到客户较高的期望值。"

"同样，你应该告诉他们，'你们之所以想雇用我完全是因为我的专业水平、经验以及在行业内的声誉。处理类似的问题我有很丰富的经验，你也需要我替你的这个项目设计出一个最有效的方案。'"

"哦……"这正是我所有的纠结所在。

"你在听吗？"阿兰问道，"这是你想要的答案吗？"

"哦，是的，这真是太棒了！太谢谢你了！"我连忙说道。

"别客气！你还有别的问题吗？"

"哦，没了，这已经对我很有帮助了！"我称谢道。

"不用客气，有问题随时打电话给我吧。"阿兰说道。

我想将问题的背景跟阿兰详细道来，但事实上，大多是没必要的。我只需打电话给阿兰简单地说一句："我有一个问题想请教你。"如果阿兰想知道更多的详情，那他自己会问的。

这种事或许经常也会发生在你身上。有人跟你说："我想问你一些事。"之后却花了 10 分钟的时间去说明他们所遇到的复杂情况的每一个细节。此时，你一定想请他重新回到问题的核心上来，这时只需简单地问他一句："你的问题是什么？"这个问题能够帮助他们迅速看清问题的重点，这就好比早晨透过薄雾照进来的那一缕阳光。

当有人想要征求你的建议却又含糊其词时，或开始向你详细说明关于这件事情的背景情况时，你可以这样问："你的问题是什么？"

| 提问的心得 |

你的问题是什么

这是一个不太讨好的问题。人们往往会固执地抗拒它，但你必须去问。

当有人征求建议或想把问题抛给你时，你可以通过问这个问题最大限度地帮助他们。这个问题能迫使他们将自己的想法具体化。能够让他们首先分清事情的核心是什么，他们真正想要从你那里得到的建议是什么。

通过问这个问题，你也可以减少对方说话中的迂回，以便能够直奔主题。

什么时候问最合适

- 当别人说有问题要问你而又不直截了当地问时。
- 当别人向你征求意见，但对问题的叙述太过于空泛，从而使你不清楚他需要你如何给出建议时。

你还可以这样问

- 你一定有问题要问，那是什么问题？
- 你想要我给你哪方面的建议？
- 你已经提了好多件事，哪一件事才是你觉得最亟待解决的？

接下来这样问

- 你已经尝试做了什么？
- 你认为你的选择是什么？
- 什么事是你最在意的？

25
像苏格拉底一样思考

　　想象一下：你被绑架，失去了自由。你无法再享受阳光的温暖照射。你那舒适的房子也消失了。而此时，你被关在一个伸手不见五指的山洞中，而且它还非常阴森恐怖，温度不超过 13 摄氏度。此时此刻，你只需要像英国著名诗人柯尔律治（Coleridge）所说的"放弃对超现实部分的怀疑而融入其中去享受作品本身"那样，去想象一会儿。

　　再想象一下：你终生被锁在那个山洞里，面对着一堵内墙。你身后是一堆篝火，它发出的光影投射在了你面前的这面墙上。正因为你被锁住了，无法转身看到光影从何而来，你仅能看到你面前的这堵墙。

　　接下来，你把时间都花在琢磨篝火投射在墙上的光影上。这些光影不停舞动变化着位置。你赋予这些光影某些意义，并不断地揣测着它们来回移动的原因。你猜想一定是谁故意弄出了这样的影子。这些光影离你是如此地近，以至于你仿佛都能看到黑暗山洞外面的真实世界了。

通过你所看到的这些光影，你得到的生活感悟是什么？你只能看到现实投射在山洞墙上的光影，而非真实的东西。你是否意识到你的认知是多么地贫乏？你对世界即将发生的事情的了解是如此有限，就像你面对山洞的墙时一样感到困顿？

这只是一段离奇而令人毛骨悚然的剧情，还是我们对自己周边生活的认知多么有限的最精确写照呢？

古希腊哲学家苏格拉底将这描述为"洞穴理论"，你可以在《柏拉图的对话》（*Plato's Dialogues*）一书中找到这一理论。这本书记录了发生在柏拉图和他的老师苏格拉底之间的一系列对话。苏格拉底曾经说过，哲学家就像一位刚从洞穴中释放出来的犯人一样，现在终于能看到现实的真实面目了。

在某种意义上，《提问的艺术》一书就是我们帮助别人拨开虚幻迷雾，看清周边现实世界的工具。你的爱人在向你诉说发生在你们其中一个孩子身上的一次意外事故时，他的描述会客观吗？一位同事正在向你做一次你并不熟知的领域的投资议案演讲，那你所给出的评估又会有多精确呢？在上述两个例子中，你真正看到的只是那些光影——那些被别人用过滤器过滤了或别人认为已经发生或即将发生的、带有主观偏见的事物。我们基本上和那些在苏格拉底的"洞穴理论"中被锁在一堵墙前的囚犯没什么区别，总是带着过滤器去感受生活。

———————

苏格拉底生活在古希腊，他是一位杰出的、善于提具有影响力的问题的大师。他在教授学生时，并没有采取演讲的方式，而是传授给学生一系列发人深省的问题。通过这些问题，他鼓励学生在学习中提升自己的思维。他总是能揭示出这些问题的本质。尽管只是慢慢地一点点渗透，却总能直达事物的核心。

苏格拉底总是以"什么是美德"或"什么是美好"这些我们随时都在用的词语开始他的课程。我们真的清楚它们意味着什么吗？今天，世界上的许多大学都在他们的教学中采用了"苏格拉底法"，其中最有名的便是哈佛大学商学院。

苏格拉底将这一方法总结得很透彻。他说："人类最高级的智慧就是向自己或向别人提问。"

苏格拉底是一位针对雅典社会和政府畅所欲言的评论家。他最终因对统治阶级的抨击而被判了死刑。对此他没有丝毫反抗，而是饮下了一杯毒堇汁。尽管毒堇汁慢慢地浸入了他的心脏，让他离开了人世，但他却给世人留下了历史上最伟大的哲学家之一的名声。

如今，你可以将苏格拉底使用的方法应用到日常工作和生活中。如何才能像苏格拉底一样思考呢？

首先，从提问开始，而不是去阐述、声明或命令。想一想下面的例子：

- 不要说："我们需要改进客服质量！"而试着问："你今天如何评价我们的客服水平？"或者"我们的服务将会如何影响客户的保有量？"
- 不要说："你明白的，如果你这个夏天再找不到工作的话，我们将不再给你发放津贴了。"而要试着问："你对这个夏天打算做点什么有想法了吗？"或者"我非常乐意听到你找工作的进展如何了。你正在找寻什么样的工作呢？"
- 不要说："我受够你的坏脾气了！"而要试着问："你生气时是否想过，这会影响你和身边最亲近的人的关系？"

其次，问一些每个人都会想到的、最基本的问题，这可能会让他们大吃一惊。

例如，在工作中，有人会说："我们需要更多的创新。"这时你应该问："你眼中的创新是什么样子？"当听到一个需要更多团队合作的提议时，你可以这样问："当你提到'团队'一词时，你的意思是什么？"

当你和一位朋友在一起，而他总是不断地在说他需要更多家庭和事业的平衡时，你可以这样问："对你来说，什么才是家庭和事业的平衡？"有人会说："我不信任他。"这时你可以这样回应："为什么？在这种情形中，对你来说信任是什么？"

诸如此类的问题能够引导对话双方进入更深层次的探讨中，并让对方参与进来，引起他们的思考。你也会因此赢得智慧导师的声誉——引导别人步入正确的方向，而不是将自己的观点强加于人。

汲取苏格拉底智慧的精髓，勇敢走出自我束缚的洞穴。提出假设性的问题，问一些谁都会想当然地用肯定词语回答的问题。通过提问去开始充满生机的学习和探索之旅吧。

| 提问的心得 |

如何应用苏格拉底的方法

当你真正吸收了苏格拉底方法的精髓时，你的方法将会让每一次的交流都变得与众不同。以下是一个帮助你了解这一方法的对比表：

不要这样做	你应该这样做
直接告诉别人	问发人深省的问题
成为一名专家	邀请他人提出意见
成为知识的掌控者	帮助他人刻画出他们的自我体验
直接给出某个词语的意思	询问某个词语的意思
要求解决方案	从他人处征求解决方案
向别人展示你的分析有多聪明	向他人展示经大家共同参与后得出的意见是多么地睿智，并让他们看到未来的远景

26

参透为何，一切事才能迎刃而解

我把工作职位描述又看了一遍。天哪！他们该从哪里开始着手准备这件事呢？此时，我正坐在曼哈顿最高建筑之一的一间顶层会议室里，面前是一张巨大的会议桌。我将再次召集该集团的人开会。和我坐在一起开会的这18个人都是全球最老练的银行家，全都是来自全球金融权力中心的高管。

他们操纵着庞大的信用体系，能够确保金融在变革性接管中万无一失，并且有能力在数秒之内，在全球范围内挪动几十亿美元的资金。银行的收入、利润以及股价严重依赖于这个由各路精英组成的集团。然而，此时的他们却倍感挫折，来自内部的官僚主义正阻碍着他们的正常工作。他们一方面受到那些一心想赚取更高资本收益率的股东的施压，另一方面又为记录他们每一步行动的评估体系所监控，还要受那些使得在人际关系方面的长期投资变得举步维艰的所谓标准的制约。

我现在正在帮助他们重新定义他们的工作角色，并开拓以客户为中心而非以生产为驱动力的工作方法。可以说这些位高权重的高管们将会成为先驱者，意味着他们将引领金融行业跨入一个以客户为中心的新时代。

他们将自己的使命置于炫目的 PPT 幻灯片的最顶处，PPT 的提要上这样写道："我们的使命。"这其中包含了许多溢美之词，例如"最大程度地""步调一致地""加强协同""追求赢利"以及"多元化的"等。但这一被定义好的使命听起来没有半点以客户为中心的意思。不，这里的"客户第一"听上去就如同感恩节上的火鸡是"第一重要"一样。它读起来就像："我们的使命是尽可能多地将所有的银行服务卖给我们的重要客户。"这听上去既不令人振奋也没有任何特色。

这 18 位卓越的银行家对客户服务真正的热情似乎与他们作为客户所信任的顾问的身份不符。作为客户最值得信赖的顾问，他们应该始终将客户的利益放在第一位。

"当人们问如何做的时候，"我告诉他们，"说明他们一定是有一份工作并且非常忙碌，他们会是很好的经理人。而如果

他们问为什么的时候，那说明他们能够成就更高的位置，他们将开始领导而不是管理了。"

我转向我的听众们说道："现在让我们开始？"这些头儿们都点头表示同意。

"让我们来讨论一下你们的使命和所扮演的角色。我有一个问题要问大家。你们为什么要做现在做的事？"

接下来我在等待他们的回答，没有再重复刚才的问题，或煞费苦心地解释我的意思。问题对他们而言已经很清晰了。会议室变得很安静。之后慢慢地，这些头儿们开始点头，他们中的一些人开始露出恍然大悟的笑容。

"这是一个好问题！"他们中的一个人说道。

我环顾了一下四周。僵局渐渐地被打破了。我们围坐在桌旁，这些高管们开始热情洋溢地讨论他们所扮演的角色有多么重要。他们有多么喜欢帮助客户开拓生意，以成就客户的事业。

"我之所以这么做，是因为我愿意让客户感受到巨大的差异。"一个人说道。

"我喜欢让自己具有影响力。"另一个人说道。

"这是银行中最好的工作了。它虽然最难，但却是最好的。"

"我感觉自己坐在航母的甲板上，巡视着海平面，看是否有机会提供帮助。"

"我要将它们整合起来提供给我的客户。"

"我将是那个最终承担起整个关键责任的人，我一定要实现这一点。"

"我喜欢那种深交的个人关系，我要和我的客户建立起那种关系。"

我微笑地看着他们，整个会议室似乎被他们工作的激情所点亮。他们所散发出来的能量，是那么容易被感知到。现在我仿佛看到了什么能够促使去跨越这个全球性组织中的官僚主义障碍了。我脑海中浮现出了弗里德里希·尼采曾经说过的一句至理名言："参透为何，任何事才能迎刃而解。"

20分钟后，他们得出了他们的使命的基本要素。它不再是基于销售更多产品和追求"高额回报"的使命了，而是一个建立在帮助客户达成他们最重要目标基础上的使命。作为唯一加强他们的组织力量的使命，它是多么地鼓舞人心和与众不同！

此时，会议室里的气氛发生了变化。内部会议那些没用的东西以及没完没了的各种报告被推到了一边，取而代之的是真实的工作激情和兴奋点。

当你试图定义一个组织的角色时，当你想要还原一个真实的目的和为之骄傲的真正理由，或仅仅需要了解什么能让人记住时，你可以这样问："你们为什么要做你们现在做的事？"

| 提问的心得 |

你们为什么要做你们现在做的事

我们做事都有各种理由，但当你把"应该"一词放在所有理由前面时，你会发现所有的喜悦和激情都会渐渐枯竭。你找不到伴随着"应该"一词的激情。没有人会为"应该"而兴奋不已。

相反地，当你揭开一个人为什么而工作并采取行动的真实面纱时，你就会从中发现他的激情、能量和兴奋点。

什么时候问最合适

- 当你想了解是什么在激励和驱使他人前进的时候。
- 当你想激励他人重新找回他们工作中最初的使命感时。

你还可以这样问

- 在你工作中或你所做的事情中，最让你感到兴奋的地方是什么？为什么？
- 在你的职业生涯或个人生活中最让你激情洋溢的事是什么？为什么？

接下来这样问

- 你为什么对那件事特别有激情？
- 什么是让你满意的方式？
- 什么能让它更有益？

27
用加减法，帮助对方做出选择

"请尽可能给我打个电话，我需要和你谈一谈。"我正在自己供职的教堂负责 11 点服务的热线工作，教堂的神父汤姆·塞维尔（Tom Sewell）拉着我的胳膊悄悄对我说，他很着急见我。我是这所教堂的董事会主席，汤姆和我关系非常好。

我周一的第一件事就是打电话给他。我正在想最坏的结果。第二天，我就坐在了汤姆摆满图书的办公室里。我能看出他正经受着痛苦的煎熬，我从未见过他如此安静。

"我得到了一个新职位，"汤姆说，"你还记得四周前的礼拜日我没来吗？我去纽约的一个教堂做传道者了。他们正在考察我。那是纽约最大、最有声望的教堂。他们已经通知我去他们那里做高级神父了。那可是教堂中最重要的神职人员了。"

"我为你感到骄傲，"我回应道，"但这一点儿都不意外，在你和我们一起工作的这段时期内，我们的教堂规模已经扩大了三倍，我们的教友都十分地敬重你。最值得骄傲的是你将传道的价值发挥到了极致。请告诉我你的决定是什么？"

"我还没有做出决定。南希不太愿意搬家，但她支持我。孩子们一点儿都不喜欢纽约，他们在这里有自己的好朋友，他们会联合起来抵制搬家。我该怎么办呢？"

我停顿下来，并立刻陷入对汤姆所面临的困境的沉思中。当选择关乎个人的时候，做出选择需要你有足够的勇气，最好的办法就是去挖掘和发现自己内心深处真正最想做的是什么。

我决定采用加减法帮助汤姆做决定。加减法就是在表格中央划一条竖线，一边是有利的一面，一边则标出弊端。

于是我开始问汤姆。在有利的一边，有很多好处，如薪水更高、牧师的住宅更大以及信徒人数是我们教堂的四倍，有全职的商务经理以及多达七名的神职人员。而在弊端的一边，所列的弊端显然更多。例如，从刚一开始南希就更愿意留下来，两个大一点的孩子正在上高中——泰德是校篮球队的，而法兰是班长。汤姆自己也不太喜欢纽约。

单子上罗列的弊端还在增加。他将会把所有的时间和精力都花在传道上，他还会失去自己与教友们已经建立起来的关系和私人联系。他将成为那个教堂的形象代言人，而不是教堂的灵魂与精神人物。最重要的是，汤姆非常担忧离开会给刚发起的资本运作带来负面影响。

最后，我平静地问他："汤姆，根据你所讲的这一切，你觉得什么才是正确的决定？"汤姆从椅子上跳了起来，给了我一个大大的拥抱，说道："你已经给了我答案。"实际上，我并没有给他答案，是他自己找到了解决办法。

这是三年前的事。汤姆从来没有后悔过自己的选择，我也没见过比他更快乐的人了。教堂的信徒持续增长着，布道也比以往更加激励人心。汤姆真是一个快乐而全身心投入的家伙！

有时候你不一定要给出自己的意见。如果你能让别人去回答他们自己的问题，结果就好比作家弗吉尼亚·伍尔芙（Virginia Woolf）笔下所描述的："在事实被直觉所察觉的那一幸运时刻，就如同瞬间被点亮的那盏明灯一样令人茅塞顿开。"

当选择取决于个人时，你应该问："你觉得什么样的决定是最正确的？"让对方自己找到正确的解决方法。

| 提问的心得 |

你觉得什么样的决定对你来说是最正确的

生活在 17 世纪的西班牙天主教徒巴尔塔沙·葛拉西安（Baltasar Gracian）是一位深得国王、王后以及贵族们信任的谋臣。

在他流传至今的畅销书《智慧书》（*The Art of Wordly Wisdom*）中，他写道："当你给王子殿下提建议时，提醒他忘记了的事好过提醒他看不到的光明。"

有时候，你的作用是去帮助他人深入他们自己的内心，去识别自己的决定，而不要直接给他们指明方向。

什么时候问最合适

- 在必须要做出抉择的那一刻。
- 当决定关乎个人，同时也会影响另一半时。

你还可以这样问

- 你内心的声音告诉了你什么？
- 这将对你的家庭（爱人、孩子）产生怎样的影响？
- 在这些选择中，哪一项会让你觉得在两年内有可能会后悔？

接下来这样问

- 你所说的对你而言是决定因素吗？
- 你接下来会做什么？

28
静思会带来更有效的行动

　　我的客户公司的股价持续走低，止步不前，就好像一艘行驶在赤道无风带的帆船。（那是靠近赤道的区域，经常连续好几周都没有风，使得船舶搁浅在那里动弹不得。）

　　由于股价持续低迷，公司高层所持有的期权也就毫无价值可言了。这导致很难聘请到新的高管。最糟糕的是，他们很容易受到竞争对手的攻击。公司的业务被抢夺一空，而公司的资产就像中世纪的战利品一样也遭到掠夺。于是该公司就聘用我们去弄清楚发生这一切的原因，并给出补救措施。他们期待能够东山再起。

　　在这个案子中我们投入了最好的分析团队。我们甚至请伦敦商学院的一位金融教授来协助展开工作。

对该公司的诊断已经非常清楚了：该公司投资者的股价预期值远远高于公司业务总值——至少到今天为止他们一直是以这样的经营方式在管理公司。这就意味着股票的成本高于股票的回报收益。一个主要的问题就是公司零售业务受到了昂贵的房租的拖累，公司的产品品种也十分匮乏。顾客的人均购买量少得可怜。

我们准备了一份很具前沿性的报告。这份长达 172 页的报告集最新的资本市场理论和分析建模于一体，涵盖了各种图表，绝对可以和诺曼底作战计划相媲美了。我们为这份报告的深度、全面性以及敏锐度感到自豪。它的观点清晰肯定，是如此地不容置疑。但我们在第一次推荐演示会上就遇到了麻烦。我们应该记得普鲁士将军毛奇（Helmut Von Moltke）的警告："在敌人面前，一切作战计划都是一纸空文。"

我们围坐在该公司总部的一间大会议室的会议桌旁，开始了演示报告。当我刚刚开始演讲时，对方负责零售业务的高管就迫不及待地开始攻击我们分析的每一个方面。他们就像城市地头蛇一样捍卫着自己的地盘。他们早就预料到了我们得出的结论，甚至还请了自己的经济学家来驳斥我们分析模型中的假设。对此，我们毫无防备。

"好吧，"他们的 CEO 特雷弗（Trevor）用外交辞令般的语气总结道，"看来我们需要多费些功夫在这件事上，以解决我们之间的分歧。"我们只能尴尬地离开了，带来的报告仿佛也比来之前沉重了许多。

回到自己的办公室后，我们只能独自舔舐自己的伤口。我的老板詹姆斯·凯利（James Kelley）一声不吭，就像一具木乃伊一样。我们的公司是由詹姆斯创建的，他是我见过的最优秀、最有思想的问题解决者。

此时，办公室里一片沉默，大家都很郁闷。20分钟后，我们都开始指责客户不该否定我们经过细致调查得出的结论。这个结论如此明显，难道他们看不到吗？

詹姆斯一直没说什么，他抬起头看着我们问道："你们从中学到了什么？"

同事们面面相觑，都在回避詹姆斯的目光。

"好吧，"我自告奋勇地说道，"我们之前应该多花些时间与负责零售业务的高管沟通一下。"

"没错，"詹姆斯说道，"还有吗？在了解有影响力的人物方面你们学到了什么？"

"归根结底，这不仅仅与数字有关，"我回答道，"他们对自己的业务有着根深蒂固的观念，在这个方面很情绪化，我们必须从不同的层面去考虑——理性的、感性的，只有这样才能让他们信服。"

詹姆斯点点头说道："别忘了公司政治，应该是理性、感性以及政治，这几方面的因素都必须考虑进去。那在管理方面你们又学到了什么呢？"

"我们的注意力几乎都放在了公司 CEO 特雷弗身上了，而没有意识到他有多么听从他的高管们的意见，这就好比还多了一个客户在那里一样。我们低估了与公司其他领导者建立起良好关系的必要性。"

詹姆斯又点了点头说："很好！哦，最后一点，你们在准备客户的演示方面又学到了什么？"

我不好意思地笑了。詹姆斯有一句曾多次向我们强调过的格言："事先一定要和客户讨论一下你得出的结论。"如果事先你没有就你的演示内容跟客户的高管们谈论一下的话，就不要跨进人家的办公室。一定要提前了解他们的立场。

顺便说一句，这一建议适用于任何与重要主顾的会议。无论你是和一位客户开会，还是和你自己公司的老板讨论一项重要的议案，这一建议同样适用。

"我知道，"我承认道，"我们应该事先将我们的预案与每一个人都沟通一下，鼓励他们参与其中并提出意见。"

———

三个月之后，特雷弗退休了。一位年轻的 CEO 理查德·尔利（Richard Early）被董事会任命来接管这个烂摊子。理查德·尔利是一位雷厉风行且富有进取心的人。他曾经成功地让另外两家企业起死回生。

在他上任后不久，我就和他进行了一次简短的面谈，向他展示了我们那长达 172 页的分析报告。一周后，他的助理打电话给我说："尔利先生问你是否能为你的报告准备一份内容摘要给他。"我问她尔利先生需要什么样的摘要，她告诉我说："他想让你在 172 页的报告前附上一份一页纸的总结摘要。"于是我表情痛苦地看着这份放在我桌子上的长达 172 页的报告，撸起袖子，准备苦干。

接连几天，我都在总结提炼这份分析报告。我疯狂地熬夜工作。我想要的不仅仅是提供一页摘要，而是一份陈述，一份清晰、大胆而引人入胜的宣言。最终我将 172 页的报告压缩到了 5 页，并把它呈送给他们公司新上任的 CEO。说实话，我已经对我们能否继续合作不抱太多的希望了。

一个月之后，理查德·尔利亲自打电话给我。一位 CEO 直接打电话给我这很不寻常。通常情况下，是由五位高管助理之一来打这个电话的。

"非常感谢你的摘要！"尔利先生在电话中说道，"现在，我终于明白你们所讲的内容了。我从未像现在这样清晰地了解这份你给我的庞大报告。很显然，它给了我们想要的答案。实际上，我已经将你的这份摘要呈给公司董事会传阅了。我想这是一份引人入胜的报告。下周你能来一趟我的办公室吗？我周五有空。我想和你讨论一下接下来的方案。"

我兴高采烈地跑到詹姆斯的办公室告诉他这个好消息，詹

姆斯赞许地点了点头，说道："所以，你从中学到了什么？"他又开始问我，没有任何恭喜的言辞，他所说的只有"你学到了什么？"

"你根本没必要在与 CEO 沟通时准备上 100 张 PPT。他们需要的是简短而聚焦的摘要信息。"

"好的，还有吗？"詹姆斯问道。我继续思考着。"高管们对那些方法论根本没有兴趣。"我补充说。

"非常对！他们想知道的是他们能否信任你，你是否能胜任这份工作？你是不是对自己的工作尽力了？你是否将他们的兴趣放在第一位了？顺便问一句，"他继续说道，"在信任方面你又学到了什么？"

"再多的分析和专家都不能建立起更多的信任来，"我说道，"我们需要把更多的时间和精力投入到与客户面对面的交流和沟通上，就像和理查德·尔利的沟通一样，从他一上任就开始和他及时沟通。"

"还有什么吗？"他接着问。

我一直在反思我那引以为豪的 172 页报告以及那份给 CEO 压缩成 5 页的摘要。"有时，少即是多？"我想起了著名歌星路易·阿姆斯特朗（Louie Armstrong）说过的一句话："产生音乐的并不是那些音符，而是音符之间的空隙。"

詹姆斯微笑着回答了我的问题，我不能确定究竟是詹姆斯的微笑还是新任 CEO 的电话让我的这一天更加有意义。

这是我学到的最难忘的一课。挫折往往是最好的教育，但有时他人的循循善诱更显得弥足珍贵。挫折是最伟大的老师，但成功也是如此。伟大的管理大师彼得·德鲁克曾写道："在有效的行动之后要静下来反思。静思会带来更有效的行动。"

人们总是从一个目标冲向另一个目标，却很少会停下来反思一下。如果你想帮助某人从其经验教训中学到些什么，就问一下他："你学到了什么？"

| 提问的心得 |

你学到了什么

说出来可能会让你大吃一惊：我们通常不擅于从自己的经历中学习什么。这一点已经在社会科学家的研究报告中被多次强调过。我们通常将我们的成功归功于自己的能力与出色表现，而把失败归咎于他人或我们无法控制的外部环境。伍迪·艾伦（Woody Allen）曾经说过："如果没有人指责你，那只能说明你不够努力。"

美国军队是为数不多的把从教训中学习系统化的组织。"行动后回顾"已然成了所有军事行动（包括军事训练）的主要部分。指挥官们总是诚实得有些残酷。

记住，不仅要问"你学到了什么"，还要问"在……方面你学到了什么"，这也是关于激励他人、信任或公司政治的一门必修课。

什么时候问最合适

- 在别人与你分享他们的经历或教训的时候。
- 在任何会议、面试或访问结束之后。
- 当你在指导他人或成为某人的教练时。

你还可以这样问

- 你从这件事中得到的最大教训是什么?
- 你在……(关于人、人的本性、信任、动机、计划等方面) 学到了什么?

接下来这样问

- 你总认为那是真的或这件事有特别之处吗?
- 关于那件事,你能再多说一点吗?

29
引导他人认清自己的角色

 我正在和客户克莱尔（Claire）共进午餐。她是一家大型上市公司某部门的主管。我们到得很早，餐厅里几乎还没有什么人。

 克莱尔和我一年要碰两三次面，通常我们会就我为克莱尔公司所做的咨询工作做一个简短回顾。通常我们会从一些小问题入手，然后转到我正在帮她的部门所做的建议书的讨论上。

 当我们吃完主菜时，我们对有关市场营销的讨论显得有些心不在焉了。这种情况经常出现。总之，谁会愿意整顿饭都在谈论业务呢？此时餐厅门口已经排起了长队，餐厅里几乎客满了。

激进人士拉尔夫·纳德尔（Ralph Nader）曾经说过："我觉得吃饭不应该掺杂任何商业因素。我认为不能将卡路里和公司混为一谈。"我不同意他的观点。吃饭有益于彼此建立起友好的关系。调查表明，和他人一同进餐能够增加彼此间的好感。因此，吃饭可以带有重要的商业目的。

———————

当服务员来收餐盘时，我们沉默了一会儿。我抬头看着克莱尔，决定转移一下话题。"你最近怎么样？"我问道。

"哦，我很好。"她回答道。一阵沉默之后，她接着说："但似乎有些不尽如人意。"

"不尽如人意？"（有时，某个人最后一句话或一个词所引起的共鸣会带出更多的意思。）

"哦，我主要是指我多承担的那些义务。你知道的，比如寻找重要客户，会见供应商等。此外，我们每天都要进行内部管理工作。一周 70 个小时的工作我恨不得变成 100 个小时，如果可以的话。"她叹了口气说道。

我想问一些有关她工作细节的事，评估一下她和每个合作者之间的效率。我对扮演问题解决者的角色跃跃欲试。但我还是深呼吸了一下，停顿了片刻，问道："克莱尔，我很好奇，你已经任事业部主管一年多了，当你想到工作时，你最想把时间花在什么上面，你希望自己在哪方面可以少做一点？"

她迟疑了一分钟，可以看出她正在绞尽脑汁想着。"嗯，这的确是一个有趣的问题。"她停顿了一会儿说道。"首先，我希望自己有更多的时间用来指导和督促我的团队中的高管们。我喜欢这样做，而且我也擅长这样做。我知道他们一定会比现在做得更好；其次，我们有一个雄心勃勃的战略计划，就是为新兴市场开发一些低成本的产品。到目前为止，许多我想把产品销售到那里的国家我还没有去过。"

一个小时后，我们依然坐在餐桌前，而餐厅门口等位的人也都陆续就餐完毕，餐厅的餐桌也再次空了下来。

我已经了解到了许多之前我未曾想过的但克莱尔目前正在考虑的事情。我知道了是什么让她如此沮丧，也理解了她希望重新集中精力去做事的想法。

几个月后，克莱尔完成了对自己部门的重组，并设置了一个新岗位来专门协助她的工作。当再次见到她时，我感受到了她对自己新角色的那股热情，这是自她升职以来我从未见过的激情。

我很想剖析一下克莱尔所扮演的角色中的个人因素，并建议她做出一些小的改进。这需要分析，需要你抽丝剥茧找出它们的问题，之后再一一评估。简单提议"请改进你的会议管理"或者"让你的团队提高效率"也许能有所帮助，但收效甚微。

克莱尔真正需要的是对她的角色和最优先事项有一个全新的认识。这需要的是综合推理。你必须从全局出发看待事情，同时你也必须从个人的长处和意愿出发去看待事情。为了做到这些，我需要向她提一个问题，让她能够重新审视和反思自己的整个工作。

为了让他人对自己的工作（或生活）进行反思，你可以问他这样的问题："工作中你最想把时间花在哪一方面？你又希望自己可以在哪个方面少做一点？"

| 提问的心得 |

工作中你最想把时间花在哪一方面？你又希望自己可以在哪个方面少做一点

影响我们如何支配自己时间的因素有很多：以往的教训、他人的要求以及我们对捷径的执着。通过反思，我们最终看到的是一片森林而不仅仅只是几棵树而已。

这个问题是一个让别人谈论自己工作的好办法——无论他是经营一家企业，还是经营自己的小家庭。你将引领他们走到一条反思的道路上来，那是一条可以让他们发生可喜转变的道路。

什么时候问最合适

- 邀请他人谈论一下他们在公司所扮演的角色和职位。
- 在他人工作的某一个纪念日——如工作一年、三年等。
- 帮助朋友、同事或家人梳理他们的生活，让他们明白该如何重新安排自己的时间。

你还可以这样问

- 在工作中，你觉得哪一方面最有趣？哪一方面最让无聊？
- 如果每周多出几个小时，你准备怎么利用它们？
- 你最希望花更多的时间做什么事？

接下来这样问

- 用什么样的方法能够促使这一切发生改变？
- 我知道要让你放弃或花很少的时间在你所提到的那些事上是多么困难，但有什么方法能让你做到呢？

30

给自己写个讣告，你才知道想过怎样的人生

这还得从我父亲的黑色医师包说起。如今的医生已经很少用这种黑包了，但它在 20 世纪 50 年代却很流行。这个包的外观是大长方形的，四周是圆形的角，材质是粗糙的黑色荔枝皮。包里面一般装着各种神秘的小袋子和小瓶，甚至还有注射器。总之，这个包里装满了我父亲能够及时取出用于治疗紧急病人的所有医疗器具。这个医师包强大而神奇，是如此地让人着迷。我 6 岁的时候，就幻想长大了也要当一名医生。

我们家的大多数成员都是从事医疗工作的。我的祖父也是一名成功的泌尿科专家。我母亲曾在第二次世界大战期间做过护士。我的哥哥在我还上高中时就考上了医学院。

在大学期间，我成了医学院预科生，我选修了微积分、生物以及大量的科学课。可是对我而言，这些课就像硬骨头一样难啃。进入医学院对我来说是很大的挑战，我不得不将大学的四年时间都耗费在图书馆里，还必须门门课都拿到高分。（拿到高分倒不是问题，但要在数学和科学课上一直保持高分却是个问题。）

我真的不在乎那些医学预科要求，我觉得它们很枯燥，无法吸引我。相反，我对文学、历史以及语言课却非常感兴趣。但我还是咬紧牙关坚持了下去，那些科学课是我到达目标的唯一障碍。总之，我非常想成为一名医生。我家庭的成员都已经或即将成为医生了。在我念大一的时候，我的另一个兄弟也跟我说他将申请医学院。压力陡增。无论上刀山还是下火海，我都梦想有一天我能背上那个黑色荔枝皮的医师包！

在我念大二的时候，我看到学校校报上的一则广告这样写道："职业指导讲座：学会写一份有效的简历。"我想，为什么不去听听看呢？也许对我找到一份暑期的工作很有帮助！如果在我的简历上能有吸引眼球的暑期工作实习经验，那将有利于我申请医学院。

当时，我根本没有意识到我将迎来人生的转折点。我的意思是这就像路上遇到一个大的岔路口，人生中也同样面临着这样稍纵即逝的选择机会，正如你选择人生伴侣或职业方向，或争论是否接受升职，又或是否愿意绕世界大半圈一样。

美国著名诗人罗伯特·弗罗斯特（Robert Frost）在其诗歌《未选择的路》中形象地描述了面对岔路口就像面对人生的转折点似的。这是一首深受人们喜爱的诗歌。他在诗中描述他正徘徊在一片黄树林的岔路口前，眼前的两条路都有着均等的机会，尽管其中一条荆棘密布、鲜有人走，但他还是面临着进退两难的局面：他究竟该走哪一条路？究竟哪种选择才是正确的？

弗罗斯特在诗的结尾这样写道：

> 一片树林里分出两条路——
> 而我选择了人迹更少的一条，
> 从此决定了我一生的道路。

这首诗喻示了要做出改变人生的决策是多么艰难的一件事。我们希望坚信自己的选择是正确的。人生的道路千万条，我们必须经过思考，做出独立自主的选择。

我参加了关于职业发展的讲座。在两天的时间里，我们学会了如何写简历，如何在简历中最完美地呈现我们的实践经验和教育背景。我们还学习了面试的技巧以及如何建立关系网。

到了第二天下午，我们被要求做最后一次作业。"这是你们的最后一次练习，"导师说道，"拿出一张纸，在接下来的一个小时内，写下你的讣告。你将要写一篇关于你生平的文章，它将在你死后发表在当地的报纸上。你希望如何来写？你觉得什么样的人生才算圆满？现在开始写吧。"

我们中有些人倒吸了一口凉气，给自己写讣告？我们才 20 多岁，是不会死的，或者从未想过死亡。为什么要写讣告？

我开始着手给自己写讣告。我描述了一位杰出医生的一生。在我的讣告里，我已经是一位名声显赫、在著名医学院担任教授的医生（就像我的父亲一样）。还有，我想象我的父母是多么为我骄傲。我拥有固定的收入，并获得了最高的荣誉。

20 分钟后，我突然停了下来。我感到内心隐隐作痛，心脏剧烈地跳动着。我这是在写什么呀！我放下了手中的笔。其实我最想做的事情是旅游。我想去国外生活，成为一名企业家。

未来几年的医学学习生涯突然一下子势不可挡地呈现在我眼前。四年的课程只为我进医学院学习的梦想。然后是四年的医学院学习。之后，再是为期 3 ～ 5 年的住院实习，可能还要读研究生学位。

我真的不喜欢念有机化学。我突然意识到，我完全是在为我的父亲和祖父学习，而不是为我自己。不，我想学习外语，想阅读伟大的文学作品。我内心深处有个声音在呐喊："你真的想成为一名医生吗？你是为了他们而成为一名医生的，不是为了你自己！你不是想去旅游吗？"

一个疯狂的想法在我的脑海中出现。我划掉了第一页关于成为一名杰出的、受人尊敬的医生的内容。稍做停顿，然后我又开始写了起来。这一次我写了一个完全不同的故事，一个截然不同的未来。

在新的讣告里，我从事着国际商务，并且精通四门外语。我在欧洲经营生意，我甚至还写过几本商业类的图书。我去世界各地旅游，在商学院教书。我勾勒出了一个彻底不一样的职业轨迹。同时，我也写到了我的婚姻和三个孩子，还有那些幽默风趣的挚友。

只有 20 岁的我为自己写了讣告，其实我真正在写的是自己的人生规划，一个让我兴奋不已的计划，一个真正属于我而不是我父亲的人生计划。几年之后，虽然那张写着我的讣告的纸丢了，但我依然清楚地记得上面所写的东西。

讲座结束后的第二天，也就是周日早上，我走到宿舍走廊的尽头，投了一枚 10 美分的硬币在付费电话机中，像往常一样给父母打了每周一次的问候电话。

"爸爸，我决定不读医学院了。"我在电话中告诉他们，并等着听到他们以一种说教式的口气试图将我拉回去，但意外的是我并未听到任何反对的声音。

"孩子，我们并不在意你是否上医学院，我们很高兴看到你去追求自己真正喜欢做的职业。"

我简直不敢相信：这是他说的吗？不！太不可能了！

"真的？"我不敢相信地问道。

"是真的，我们没有一个人觉得你会成为一名医生。"

我完全被他的话震住了，目瞪口呆地愣在那里。电话从我的手中滑落。我慢慢地才从中缓过神来，露出了灿烂的笑容。此时此刻，我真想给我父亲一个大大的拥抱。你可能在想："你怎么就改变想法了？到底发生了什么事？"让我来告诉你："在我20岁写讣告的那一刻，事情就发生了180度的大转变！"

> 为了帮助别人弄清楚在人生中究竟什么才是他们真正想做的事情，他们想如何被人记住时，你可以这样问："如果今天让你来写自己的讣告，你最想怎样来总结你的一生？"

| 提问的心得 |

如果今天让你来写自己的讣告，你最想怎样来总结你的一生

讣告通常是为那些离世的人而写的，是家人和朋友用于缅怀那些离世之人的文章。从另一个角度来看，讣告也能成为对活着的人的一个重要提示。提前想象一下有助于你塑造自己的人生。它向你喻示了什么对你来说才是最重要的，什么才是你真正喜欢、愿意为之投入精力去做的事。写一份讣告的确能让你清楚地知道你正在做的和能做的选择是什么。

什么时候问最合适

- 当你指导和督促某人时。
- 当一位年轻人在为自己的职业和人生做出重大选择时。

你还可以这样问

- 往前看一下你的人生，你觉得什么能给予你最大的成就感？什么能让你得到最大的满足？
- 有没有什么事你还没做但在离开这个世界前一定要做？

接下来这样问

- 为什么你要将这些特别的事写入你的讣告？
- 什么能让你达成你想要的成就？

你希望别人怎样对待你，那就怎样对待别人吧

"我感觉自己都快要崩溃了。我跟你说，我的心都要碎了，在我的生活中，我从来没有像现在这样感觉这么糟糕！"我正在约翰·柯克曼（John Kirkman）的办公室里和他谈话，我感觉他几乎都快哭出声来了。

约翰是一家小型制造企业的老板，公司好的时候他雇用了大约 80 名员工，而随着公司经营状况的不断恶化，员工人数也在急剧减少。

"约翰，我从来没有见过你这样。什么事给了你这么大的打击。"我差不多每四到六周就会和约翰碰一次面。我们在一起制订他的商业计划，并对公司的目标和财务状况进行审核。约

翰告诉我他发现他的首席财务官中饱私囊，将公司的钱转到了他的个人账户中。当他发现这个情况时，公司已有 10 多万美元被盗了。

约翰告诉我他的首席财务官已经在这个职位上干了 16 年了。除此之外，他还是约翰最亲密的朋友和知己。"我用自己的生命去信任他。"约翰告诉我。

约翰说当他最后一次见到鲍勃（那不是他的真名）时，他问鲍勃："鲍勃，请告诉我那些消失的钱是怎么回事。"于是鲍勃开始强词夺理地进行狡辩。约翰根本不买他的账。

此时我想起了墨西哥的一句谚语 "Con las Manos en la masa"，意思是说"把你的手放到做面包的生面团里"，用英语来解释就是"当场逮住了你"。鲍勃真是被逮了个正着。

"我向你保证我根本就没有拿那些钱，"鲍勃辩解道，"约翰，我是不会对公司做那样的事的，而且我也绝对不会偷像你这样亲密的朋友的钱！"鲍勃接着说起了自己的家庭以及在公司工作的这些时光。他滔滔不绝地说了一通，目的就是想证明自己很清白。

"但他的身体语言告诉了我一切。他目光呆滞，就像牡蛎一样毫无生气。他的双手紧紧交叉在一起，双腿则来回地搭起来又放下。"

"他什么也不承认，"约翰继续说道，"他辩解说自己根本不知道那些钱的去向。"

"最后我才意识到自己问了许多含糊不清的开放性问题，所以只能得到同样含糊不清的回答。我现在需要问他一些直截了当的问题，直接回答是，还是不是。"

> 封闭式问题的好处就在于它能引出有意义的发现。在恰当的时候提问封闭式的问题会很有力，能起到关键的辅助作用。你需要的是直接回答，没有任何修饰，没有任何借口和辩解，也不会有任何胡说八道。

约翰继续诉说着："鲍勃，我希望听到"是"或者"不是"，而不是任何的胡说八道。"（约翰使用了一个更加严厉的措辞。）"你到底有没有偷那些钱？是，还是不是？"

"说完我稍做停顿，"约翰告诉我，"我正在等他回答。"（那一刻突然变得很沉默，我心想这也许就是最好的答案。）

"几分钟过去了，我还在等待，没有说任何一句话。最后鲍勃的心理防线彻底瓦解了，他终于承认了。"

"我确信如果我继续问一些含糊不清的温和问题，是否能得到诚实的回答。这家伙是如此让我震惊，如此出乎我的意料。他的不忠让我们多年的友谊和信任瞬间崩塌。"

"而我的问题是，"约翰对我说道，"这个家伙承认了盗窃的事实之后，我却不知道该怎么办才好了。我是应该将他扭送警察局，还是限他 24 小时之内辞职？或当场开除他，让他交出办公室和桌子的钥匙，把他赶出公司。"

"但我也想到了鲍勃的个人处境。他还有一个孩子在上大学，他的妻子没有工作，这样做将会毁了他。这让我感到压力很大。"

———————

读者朋友们，请等一下！在你们继续读下去之前，想一下如果是你会怎么来处理这件事？记住，鲍勃是约翰最好的朋友之一，他也是一名一流的财务官。想必你的第一反应就是报警，从此与鲍勃恩断义绝。有这样的想法很自然，这的确是你最信任的人所犯下的严重罪行。

接下来我将告诉你发生了什么事，以及我问了约翰什么问题。

"约翰，如果情况反过来，盗窃的是你，你希望自己如何被别人对待？"

这是一个发人深省的问题，因为它能让人忘记所有的恼恨，跳出失望，站在别人的角度去思考。这也是一个伟大的问题，因为它能迫使人们去换位思考，如果事情发生在自己身上，你会希望怎样被对待。

回到我的问题上。"约翰，如果情况反过来，盗窃的是你，你希望自己如何被别人对待？"

"哦，我从来没有那么想过。那件事将我置于了风口浪尖，我很难过，我所能想到的就是自己的失望。我想也许我会原谅他，或许还会再给他一次机会。我也希望这种事情从此再也不要发生了。同时，我也愿意做点什么能让这件糟心的事情赶快过去。"

"约翰，这也许是你应该考虑的答案，"我建议道，"忘掉这件事也许需要很长时间，但我建议你将选择的机会摆到桌面上来。相信那样你一定不会再说自己希望被如何对待了。"

———————

三周之后，再次打电话给约翰时我问他："告诉我，鲍勃的事处理得如何了？"

"我原谅了他，并给了他一次悔过的机会，那一刻真的让人很难忘怀，我们俩都哭了！我告诉他原谅的前提是在120天以内将那些被他侵吞的钱如数归还。我向他保证将不对公司的任何人以及他的妻子提起这件事，甚至连我的妻子也不告诉。我告诉他就当这是我们俩之间最秘密的盟誓。我觉得这样处理是非常明智的，我也希望如此！"

那件事发生在几年前。从那之后，鲍勃干活更加卖力了，一天总是要工作10~12个小时。他比以前更加具有奉献精神了，也没有再犯过类似的错误。

如今鲍勃已经为公司服务25年了，他依然还是约翰最亲近和最忠实的朋友，也是约翰商业上最信任的知己之一。

有时候，从对方的角度出发将更有利于解决你们之间的窘境。这是一个你无法逃避的问题："如果站在对方的角度，你希望自己如何被别人对待？"

| 提问的心得 |

如果站在对方的角度，你希望自己如何被别人对待

每个人都喜欢这句格言："你希望别人怎样对待你，那就怎样对待别人吧。"这句话让人感到温暖，但要想真正做到却并非易事。

宽容的品性为世界上大多数宗教所推崇。在《新约·马太福音》（ *New Testament Gospel of Matthew* ）中，彼得问耶稣："我究竟应该原谅那些有负于我的兄弟姐妹多少次？"耶稣回答道："我告诉你，不是 7 次而是 77 次。"当然，原谅他人和给他人第二次机会是完全不同的两件事，你或许可以做到前者，却无法做到后者。因此，在任何情况下，你都可以通过问这个问题，促使别人寻找解决问题的方式。

什么时候问最合适

- 当有人向你咨询一件涉及他人的、棘手的事情或令人困惑的窘境时。

你还可以这样问

- 当别人做错了什么或伤害到你时，你应该站在对方的角度去思考，问一下："如果你是我，你会怎么做？"这会让对方更愿意接受你的决定。

接下来这样问

- 你为什么觉得那样做是对的？

32
把每一天都当作余生来度过

可以说他拥有了人生中的一切。他在康涅狄格州最富裕的区域拥有一所豪宅，有一个幸福美满的家庭，还有超出他预期的薪水和新晋升的职位。

让我来告诉你们他所从事的工作。他是世界上最大的会计公司毕马威公司（KPMG）董事会主席兼 CEO。这个职位是他付出和牺牲了太多东西才获得的。他用超长时间的工作、不停地出差、无数次牺牲了和家人在一起的时间，才一步步爬升到了如今的这个重要职位上。他就是尤金·奥凯利（Eugene O'Kelly）。如今，他已经坐到了世界顶尖级的位置上。

正当此时，他发现自己走到了命运的关口。在每半年例行的体检中，他向大夫抱怨他的身体常常感到不适，大夫们让他额外做了彻底的检查。检查结果很不好，对他而言可以说是毁灭性的。尤金·奥凯利被告知他得了无法手术的脑肿瘤，最多只能活90天。当你意识到生命飞逝如电的那一刻，如果不能停下脚步来看一看周围的世界，那也许你将会永远失去它。

我们无从知道他本人面对这突然陷入的绝境会有怎样的感受。他又该如何将这沉重的消息告诉妻子，如何面对这病症的结局，如何独自一人面对午夜时分的那份孤寂。此时，在残酷的现实面前，是选择畏缩不前还是勇往直前，完全取决于个人的勇气。

我们所了解的尤金·奥凯利是一位奋发图强、有着坚强意志的现实主义者。在被判了死刑之后，他在某一时刻一定觉得他剩余的90天生命决不能被浪费掉，决不给自己留有遗憾。以他的商业经验，他很清楚成功的人往往是那些擅于变通的人。于是他决定要将生命当中这最后的90天记录下来，写成日志（实际上他比那个时限还多活了60天）。

———————

现在，请你准备好纸和笔。我强烈建议你去买一本他写的书，书名叫作《追逐日光》（*Chasing Daylight*）。这本书对我的影响是永久的，相信对你也是如此。这是一个郑重的承诺。

这本书让我意识到我应该怀着这样一种方式去看待事物——既像第一次看到，又像最后一次看到那样去看待事物本身，甚至可以以一种再也看不到它的心态去看待事物。我需要试着去领悟一切并将其永远铭记于心，我要去捕捉生命当中的每一个瞬间。

我每年都会在专题研讨会、论坛以及各种大会上发言，每年我花在演讲上的时间超过了 60 天，有时还会更多。

这本书对我的影响是如此之大，以至于我每次在演讲的时候都问听众以下这些问题作为开场白：如果生命只剩下 90 天，你会做什么？你最想见谁？你将告诉你的哪位朋友你有多么爱他们？在生命的最后时刻你想去哪里？你将如何和你的家人一起度过你生命的最后时刻？

对于上述这些问题，想必你心中已经有了答案。我想告诉我的听众"生命是多么脆弱"，从你出生的那天起你就开始走向死亡了。我想提醒他们要全身心地去激活自己的生命——要让他们的生命圣杯充满喜悦、满足和感恩。我鼓励他们要"生命不息，奋斗不止"，要抱着明天就要赴死的心态去过好今天。

————————

在这种心态的激励下，我足足练习了一到两年，才真正体会到这个更具深刻意义的问题：如果生命只剩下三年的时间，你将会做些什么？之所以说它是一个非常重要的问题，是因为它足够发人深省，足以打开你的生命。

如果说这生命当中最后的 90 天能给你一次迅速将生活中所有元素积聚成人生最绚烂彩虹的机会的话，那 3 年的时间将会创造出不一样的挑战来。它会迫使你更有想法，更有计划地去做一些事。你会有足够的时间，而不是仓促上阵。你会意识到事情本身并没有改变，需要改变的只是你看待它们的方式。

你需要很细心地去观察生命中无法回避的自然规律，它们会突然停下，甚至结束。

时间如果延长到三年，那我就能够想出更好的主意来。我决定在我的演讲环节中加入一些不一样的东西，现在几乎在我的每场演讲中我都会这么做。

在演讲过程中，我会给每个人一个空信封，并让他们在信封的左上角写上他们的邮寄地址。接着，我让他们将自己作为收件人填在信封上。"请注明这是一封私人的保密信件。"我告诉他们。在信封右上角贴邮票的位置，我让他们填上日期。然后我要求他们快速写出一篇完全不一样的文章。

"不用去考虑句子的结构是否合理，拼写是否有错，或是否以介词词组放在句子的结尾等，暂时忘掉英语老师教给你的一切。我需要的是一气呵成的写作，自然而不带任何修饰。把你的想法写在白纸上，现在就开始写吧。"

"从今天开始，如果你知道你的生命只剩下三年的时间，你会做些什么去改变你自己的生活或职业生涯呢？你最想完成什么心愿？你最想让谁以一种更加亲密的方式走入你的生活中？"

我告诉他们真正的朋友是能够听懂你的灵魂之歌，并能在你忘掉的时候又将它唱给你听的那个人。谁是这样的朋友呢？为什么你现在不能更多地了解他们呢？你将如何去改变你的生活？

我给了他们15分钟的时间去完成这篇文章。没有人不真正需要这个。我希望得到一份未经任何修饰的、质朴的、完全发自内心的报告。

我要求他们把写好的信折好，放进刚才已经写好地址的信封里，封上口。收集好所有的信封后，我把它们带回办公室，放进备忘袋中封存。我会在三年后将它们寄出。

我坚持这样做已经有六年的时间了。结果是如此地非同凡响。每个月都会有许多收到信的人打电话给我。他们告诉我当他们第一眼看到信封时，觉得很眼熟，但想不起自己当年写信的情景了（三年的时间的确有些长）。但当他们拆开信封读到自己当年是如何计划度过这三年的时间时，便会迫不及待地打电话给我。

有人告诉我他们是如何接近自己当年所写下的目标。还有许多人告诉我当他们活过三年之后是多么地感恩。我收到了无数的好评，并一一将它们记录下来。（我想哪一天我一定会为此写一本书的。）

———————

社会科学家告诉我们，如果你将事情置于公众的评论之下，那它会迅速提高你实际去做的可能性。我们很清楚，如果你将它写下来，那它将在你的脑海中留下不可磨灭的印迹。对你的愿望一定要慎重，也许它会变成现实。

这是一个你在任何场景中都可以用到的问题。我就曾向我的客户、朋友和家人问过这个问题。"如果你的生命只剩下 3 年的时间，你会做些什么去改变自己的生活或职业生涯呢？"这是一个能引领你走向一条神奇之路的问题。这就好比如果没有路标，哪里来的路径图。

这个问题能够迫使人们开始思考如何记录下他们生活中的重要事情。它能使人们明白他们不能只是坐等时机，等来的时机也不会是刚刚好的，现在就行动吧。

他们将以某种方式被激情点燃。他们的生命之舟暗淡无光，但经过细节的修饰，终将异彩纷呈。

如果想邀请别人对他们生命中最重要的事以及想如何度过余生进行深思的话，不妨问一下："如果你知道你的生命只剩下了三年的时间，你会做些什么去改变自己的生活或职业生涯呢？"

| 提问的心得 |

如果你知道你的生命只剩下三年的时间，你会做些什么去改变自己的生活或职业生涯呢

"抓住今天"似乎已经成了陈词滥调了。拉美学者将它诠释为"抓住这一刻"。先不要管它是不是陈词滥调，它就是驱使和推动我们的指令。它指引我们去拥抱生命中的一切。它就是我们所吟唱的赞美诗，激励着我们去抓住机遇，并向机遇开战。

你必须抓住每一天，争分夺秒。每个人都能从生活的磨炼中受益。不要让你的人生目标夭折了，要尽可能地去实现它。

这些正是它能成为强有力的问题的原因所在。如果你知道自己的生命只剩下三年的话，你将如何度过余生？你将会发现那些其他问题所不能引出的、从未被挖掘的意想不到的回答。

"抓住今天"这句话恰好诠释了这一切。

什么时候问最合适

- 向你的朋友、家人、生意伙伴以及你认识的任何一个人问这个问题。
- 唤起别人思想上的转变，帮助他们从生活中的细枝末节中走出来。

你还可以这样问

- 你生命当中最重要的事情是什么？你是否已花了足够的时间在那上面？

接下来这样问

- 现在只有什么才能阻止你这么做？

现在，在你的生活中，有没有人从你的人生阅历和智慧中受益？这跟你的年龄无关。无论是在职场中还是个人生活中去指导别人，都是你所能给予他人的额外服务。

当你去指导别人的时候，强有力的问题就显得尤其有价值。它们既能够帮助你指导别人找到解决方案而非掌控他人的方向，也能够帮助你去发现别人的希望、恐惧和梦想。强大的问题还能够让你以授权的方式而非强迫的方式去挑战他们。

训练和督导他人

1. 我如何才能够最大限度地帮助你？
2. 你得到的最好的指导或训练是什么？为什么它如此有效？
3. 你目前最重要的目标是什么？
4. 你现在正在努力解决的问题是什么？
5. 我能够帮你解决什么样的问题？
6. 目前生活中最让你兴奋的事情是什么？
7. 什么事你感到很难做，但只要你去做就有可能成功呢？
8. 为了达成这些目标，你是如何安排你的时间的？
9. 为了实现你的人生理想，有什么是需要你去完成的？
10. 一旦你想去实现这些目标，你最害怕的是什么？
11. 你所面临的最大障碍是什么？
12. 你能想到有什么可以帮你扫除这些障碍吗？
13. 你能否帮我回顾一下这个问题？它是如何变成这个样子的？
14. 你已经努力尝试过什么了？管用吗？
15. 你想象一下对此什么才是最好的解决方法？
16. 你以前是否处理过类似的情况？结果如何呢？

17. 你难道不清楚在这种情形下你自己想要了解什么吗？

18. 你能就你刚才陈述的问题给我举个例子吗？

19. 回首过去，你一生当中在哪些方面最成功？为什么？

20. 你能否记得什么时候是你工作最辉煌的时候？

21. 如今你工作当中的哪个方面最让你感到满意？

提高领导力的问题

22. 对公司而言，下一年度最富有挑战性的事情是什么？

23. 在下一个年度里，你自己最优先考虑的事情是什么？

24. 今年你的老板对你的期望值是什么？

25. 就实现我们的目标而言，哪些方面是我们正在做的？哪些方面是比计划提前的？而哪些方面又是落后于计划的？

26. 我能做些什么来支持你目标的达成？

27. 在你做这项决策时，我怎样才能帮到你？

28. 在你执行这项决策时，我怎样才能帮到你？

29. 你能和我分享一下你们是如何完成这项决策的吗？

30. 你觉得你自己未来所面临的主要挑战是什么？

31. 什么让你对未来充满了期待？

32. 为你工作过的那些优秀员工身上都具备哪些特质？

33. 你觉得我短期、中期和长期应该优先考虑的事情是什么？

34. 如果在我下一次的绩效评估中，我想超越你对我的期望，你觉得我当前和未来需要在那些方面有所改进？

35. 你认为我的三大优势是什么？我最大的弱点又是什么？

募集捐赠的问题

36. 你觉得我们如何才能最有效地为我们的社区服务？

37. 如果你是一家企业的 CEO，并有能力达成任何目标的话，那你会为我们的组织做些什么？

38. 你对这个组织的服务感觉如何？对于他们如何拓展服务范围，你有什么建议？

39．你希望如何被告知你捐赠的结果？

40．什么时候你第一次觉得慈善事业是你一生中很重要的事？

41．你觉得我们应该如何更有效地使用你提供的资金呢？

42．你对我们的组织的看法有哪些改变？

43．如何能让我们的服务更好、更有效？

44．你为什么会认为我们是这个社区最知名的组织呢？

45．我们如何才能变得更有名？

46．我们如何才能够更好地叙述我们的故事？

47．你认为我们组织的 CEO 或你所了解的和共过事的其他组织的 CEO 应该具备什么样的素质和态度？

48．既然你是我们学院的毕业生，那我们学校是否已采取了什么样的方式为你今后的人生准备提供帮助呢？

49．别人对于你的认可究竟有多重要？

50．什么样的赞助礼物比较令人满意，你有什么好建议吗？

51．对你的倾情赞助,你希望以什么样的形式来表示对你的感谢？

52．你对我们的组织曾经有过什么样的感受？

53．你觉得我们的组织如何？

54．你觉得这个项目如何？

55．你最喜欢我们这个项目的什么方面？为什么？

56．什么样的方式能够最好地让你关注我们发放的资料？

57．你为什么要选择我们机构作为你第一次捐助的对象？

58．你为什么不再捐助我们组织,为什么？我们在哪方面让你失望了？

59．你是什么时候开始捐钱的？又是什么驱使你这么做的？

60．你捐助最多的组织是哪个？你大概给他们捐了多少钱？

61．怎样才能让我们在你的捐助组织名单中排名靠前些呢？

62．什么样的捐赠能给你带来极大的快乐？

63．经济形势对你的影响如何？

64．你能告诉我什么样的捐赠会让你极其失望呢？

65．什么一直激励着你去帮助这些你所捐助的组织？

66．你最希望在人生中获得什么样的成就？

67．你希望如何被后人记住？

我收集整理的好问题

用问题敲开人生机遇的大门

请跟我一起回到 20 世纪 50 年代的路易斯安那州的伯锡尔（Bossier）。玛德琳（Madeline）让她 8 岁的女儿芭尼·麦克尔威恩-亨特（Bonnie McEleen-Hunter）带 6 岁的妹妹去后院玩，并嘱咐她们："带上你们的纸和笔。"

玛德琳坐在地上，旁边放着一个鞋盒子和一把小铲子。孩子们紧挨着她们的母亲坐着。

"现在，我们一起挖一个洞吧。"她们一起挖了一个足够放下鞋盒的洞。

"现在将'不能'这个词写在你们带来的纸上，折起来，把它放进盒子里。然后我们一起把它埋起来。"玛德琳对孩子们说道。"现在，你们将永远都不能说'不能'这个词了。"这就是芭尼此后的人生信条：从不说"我不能"。

时光飞逝，一转眼芭尼到了少年时期，她拒绝学习缝纫。这就是她在长大以后才学会缝纫的原因。

芭尼认为自己应该学习如何成为一名时尚设计师。学校的老师递给她针和线，并告诉她要想成为时尚设计师就必须从缝纫开始学起。这也正是她职业梦想突然终止的原因。

感谢上帝！我相信我们从一名平庸的设计师那里拯救了世界。

芭尼·麦克尔威恩–亨特最后成了美国最大的定制出版公司的老板，这是一家全美最大的、由女性经营的商业公司。

她在管理自己的商业王国的同时，还兼任美国驻芬兰大使。她还是美国红十字会历史上第一位女性主席。芭尼是女权主义的倡导者，并亲手创立了国际女性商业领袖峰会（International Women's Business Leaders Summit）。

在一次晚宴上，我有幸坐在科林·鲍威尔将军身边，这是城市联盟会（Urban League）举行的一次全国性会议，鲍威尔将军受邀作为嘉宾出席。他当时已从国务卿一职卸任。他和芭尼是在其担任大使期间认识的。当时我告诉他我认识芭尼。

"哦，她真的很了不起！"鲍威尔将军说道，"她是我所认识的人当中最让人难忘的和最出色的一位。她办事效率非常高，永远精力充沛！"

"我跟你说说我对她的评价吧。我会用一个芬兰词'Sisu'来评价她——那就是毅力和胆识。那是一种发自内心深处能够激发某种神奇而非凡的强大力量的希望。对我而言，那就是芭尼奋发图强和充满活力的性格特征带给人们的那种力量。当别人还在想不可能时，她已经开始在想可能性了。"

"我和芭尼认识和共事已经超过了 12 年了。她是一位激励型的人物，我将试着用一个新的词语来描述我对她的感觉——芭尼就是我心中的英雄。"

———————

多年以来，在与她无数次的交流中，我问了她很多强大的问题，这些问题足以探寻一个人的思想并提高会谈的效率。

例如，我记得有一次我们共进午餐时，我问她，你遇到的最难以回答和最深奥的问题是什么？她仅仅停顿了片刻就回答道："有一次有人问我：'从现在开始你所走过的路在百年之后会有什么不一样吗？'"（我认为好的例子就是最好的启示。）

接下来，芭尼花了 10 分钟的时间谈论了她如何希望让自己的生命有所不同，如何想让人生更有意义，能够影响到下一代人。一个强有力的问题，足可以让人花 10 分钟来回答。

在我们的另一次碰面中，我又问了她一个不一样的问题："芭尼，你问过别人的最难回答和最深奥的问题是什么？"这是一个唤起人们深思的问题。

她向我提起了她和巴勒斯坦红新月会（Palestinian Red Crescent Society）以及以色列红大卫盾会[①]（Magen David Adom）

[①]　这是以色列的急救医疗和灾害服务机构，相当于美国的红十字会。——译者注

之间的一次会谈。他们在会上讨论了关于国际红十字联合会（International Federation of Red Cross）和红新月会合并的事。

"记得当时我问他们：'红十字会和红新月会的真正区别是什么？'我们花了近一个小时的时间来确定它们之间的区别。没有找到任何区别。我也问了红十字会的头儿同样的问题。"

"'让我们回归到问题的核心上来，'我说道，'难道全人类分享的大爱不比强调各自的风俗和礼仪之间的差别更伟大吗？'"

一天我坐在芭尼的办公室中。人们进进出出地忙碌着——有前来报到的，有请教问题的，还有等待决策的，等待的队伍长得让我不得不开口问："芭尼，你理想中的完美一天是什么样子？"

"哦，这很简单。我理想中完美的一天就是我奋斗的每一天……也就是上帝委我以重任，让我从平凡中脱颖而出，为更远大的目标服务的任何一天。"

我紧接着问道："那你生命中最伟大的一天是什么？"我不想打断她的思路。

"我相信我生命中最伟大的一天还没有到来。我希望听到最珍贵的那句话就是：'做得很好，我最优秀和值得信赖的仆人。'"我用了30分钟的时间来倾听芭尼对这两个问题的回答。

在与她的另一次访谈中，我这样问道："芭尼，在你的一生当中已经取得了许多成就。如果有一个国家女性名人堂

（National Women's Hall of Fame）的话，你一定是第一个被写入纪念册的女性。你是这个国家杰出女性的典范。你希望自己如何被人们记住？"

"我正在为之努力着。但我也不断地提醒自己，我们每个人都是赤条条地来到这个世界，离开这个世界的时候也带不走任何东西，尽管我们真的曾经拥有过……我希望自己能像那些将全身心都交付出去的人一样被人们记住。"

"我渴望自己能够成为不断激励他人发挥出自己全部潜能的人，也希望因此而被人们记住。"这个问题又让我们花了 15 分钟的时间，我们交流了芭尼关于一个人在他的一生中应该做些什么的精彩感悟。

关于这一点有着众多的信条。如果我有些过于说教的话，还请谅解。芭尼将以投入到无尽的服务中来自我救赎。

———————

我已经讲完了这位著名人物的精彩故事，但还只是向你揭示了她人生的冰山一角而已。我希望你明白，这不仅仅是为了说明芭尼·麦克尔威恩－亨特的人生有多精彩，而是想强调具有说服力和强大力量的问题的能量，它能开启内心最深处的情感，并引起充满活力的对话。这样的交流能够让人们之间更加亲密无间，多年后人们依然会记忆犹新。

在结语中，我写下了我在对芭尼的不同拜访中所问过的许多问题。它说明了你该如何辨别这些问题，并应用其中的大部分问题，甚至你可以把它们用在你与同一个人的多次会面中。问具有影响力的问题并不是一蹴而就的事。

强有力的问题的能量和智慧是你最强大的同盟，能够挖掘出人们内心深处最真实的情感。当你在最恰当的时机应用它们时，它们将会改变你们之间的对话。

强有力的问题之所以如此重要，是因为它们能够打开一扇挖掘无限可能性和机遇的大门。它们将帮助你建立起稳固的人际关系，获得新的商机，并能够影响他人。

译者后记

　　在日常生活和工作中，我们经常会感到困惑。为什么我们总是只关心自己的产品如何才能卖出去，而很少去想客户到底需要什么？为什么你费尽口舌推销了半天产品，却没人愿意听，更别提掏腰包购买了？为什么我们总是在强调自己的梦想，却从未关注过那个默默为自己奉献的人的梦想？为什么我们平时总能滔滔不绝地说点什么，但一旦向别人发问，就不知该问点什么了？那怎样说人们才肯听？提什么样的问题才能让对方乐意敞开心扉，与你沟通交流呢？

　　在本书中，作者安德鲁·索贝尔和杰罗德·帕纳斯作为美国客户关系和培养客户忠诚度战略技能领域顶尖的权威专家，根据自己几十年帮助客户建立终身关系过程中所积累的经验和阅历，收集整理了 320 个实用的最具影响力的问题，并将其按获得新的商机、建立人际关系、指导和当他人的人生导师、处理危机和投诉、提高领导力、吸引员工积极建言、评估一项新议案或新创意、提高会议效率以及募集捐赠分成九大类，并配以相应的真实案例，以帮助更多的人学会如何提出具有影响力的问题，从而迅速与他人建立起相互信赖的关系。这无疑是一本不可多得的提升提问技巧和能力的十分实用的书，读后绝对让人受益匪浅。

总之，在如今竞争日益激烈的商务活动中，对大多数人而言，与人建立起互信关系可谓一项艰巨的挑战。一个高水平的问题往往能迅速化解人们之间的隔阂，拉近彼此的距离，甚至可以力挽狂澜，扭转颓败的局势，提问者也往往能给对方留下深刻的印象。而那些充满智慧的问题总能让人回味无穷，让人深受启发并有所顿悟。睿智的问题背后必定是一个深思熟虑之后的结果，蕴藏着提问者丰富的人生阅历以及日积月累的经验和智慧。因此，学会提问、提具有影响力和直击人心的问题必将成为人们追求不懈的一门艺术！

在本书翻译过程中，我也学到了许多，相信对自己今后在建立人际关系和睿智地提问方面将会有所帮助。最后，再次感谢那些在本书翻译过程中给予了我大力支持的朋友。王立军、刘珺、郭松文、王辉以及汤莉莉承担了本书部分章节的校译工作，在此一并表示衷心的感谢。

陈　艳

Power Questions: Building Relationships,Win New Business, and Influence Others by Andrew Sobel and Jerold Panas.

ISBN 978-1-118-11963-1

Copyright © 2012 by Andrew Sobel and Jerold Panas.

Simplified version © 2023 by China Renmin University Press.

AUTHORIZED TRANSLATION OF THE EDITION PUBLISHED BY JOHN WILEY & SONS, New York, Chichester, Brisbane, Singapore AND Toronto.

No part of this book may be reproduced in any form without the written permission of John Wiley & Sons Inc.

All Rights Reserved.

本书中文简体字版由约翰·威立父子公司授权中国人民大学出版社在全球范围内独家出版发行。未经出版者书面许可，不得以任何方式抄袭、复制或节录本书中的任何部分。

本书封面贴有 Wiley 激光防伪标签。

无标签者不得销售。

版权所有，侵权必究。

北京阅想时代文化发展有限责任公司为中国人民大学出版社有限公司下属的商业新知事业部，致力于经管类优秀出版物（外版书为主）的策划及出版，主要涉及经济管理、金融、投资理财、心理学、成功励志、生活等出版领域，下设"阅想·商业""阅想·财富""阅想·新知""阅想·心理""阅想·生活"以及"阅想·人文"等多条产品线。致力于为国内商业人士提供涵盖先进、前沿的管理理念和思想的专业类图书和趋势类图书，同时也为满足商业人士的内心诉求，打造一系列提倡心理和生活健康的心理学图书和生活管理类图书。

《如何说，别人才会听进去：打造高质量沟通》

- 七大易犯的沟通错误、八个关键的沟通技能。
- 学会在沟通中不踩雷、巧妙控场、不冷场。
- 成为言之有物、说话好听的沟通高手。

《思维病：跳出思考陷阱的七个良方》

- 美国知名思维教练经全球数十万人验证有效的、根除思维病的七个对策。
- 拆解一切思维问题，助你成为问题解决高手。

《打动人心的演讲：如何设计 TED 水准的演讲 PPT》

- 学员遍布全球的演讲教练倾力打造。
- 没有废话只讲干货的 PPT 制作实用指南。
- 掌握 TED 演讲 PPT 的设计精髓。
- 帮你超越 90% 的演讲者，成为演讲高手。

《成为讲书人：阅读和表达的个人精进法》

- 全民阅读推广人、国民讲书教练、樊登读书线训练营"我是讲书人"大赛导师 倾心之作。
- 影响超 10 万人阅读习惯、经 1000 场 TED 式讲书活动有效验证的可复制的费曼学习法。
- 早晚读书李国庆、秋叶、彭小六、慈怀读书会陈锋、真心爸妈主理人徐智明 联合推荐。

《学会辩论：让你的观点站得住脚》

- "逻辑思维"精品推荐。
- 快速确定你的观点，找到证明你的观点的最佳方式。
- 学会让你的辩论与众不同。